センサ・マイクロマシンの基礎

— 物性と場 —

博士（工学） 小西　　聡 編著
博士（工学） 鳥山 寿之 著

コロナ社

ま　え　が　き

デジタル化が進む世界において，われわれ人間が生きてきた物理的なフィジカル空間と，コンピュータを通して新たに広がるサイバー空間の境目ではさまざまな情報がやりとりされている。この情報のやりとりを可能とする情報変換の仕組み，特にハードウェア側の事情を知りたい，本書はそのような関心をもつ方を対象にしている。フィジカル空間とサイバー空間の境目では，センサ・マイクロマシンが情報を変換し，情報の流れを可能にしている。人類がスマートフォン等の情報機器に釘付けになり，人類の多くの時間がサイバー空間にコネクテッド状態となっている。センサ・マイクロマシンは，それら情報機器の中で人とサイバー空間の間の情報を変換する役割を担っている。したがって，われわれがサイバー空間とうまくつながるにはセンサ・マイクロマシンの活躍が不可欠である。

センサ・マイクロマシンが扱うフィジカル空間の対象範囲は広い。サイバー空間に対するフィジカル側の存在は人も含め森羅万象対象になる可能性を持っている。センサ・マイクロマシンと同様に，MEMS（micro electro mechanical systems）という言葉もしばしば使われる。半導体技術はトランジスタを生み出し，さらにコンピュータを誕生させてきたが，機械の分野にも半導体技術を導入したことは，センサ・マイクロマシンの革新的な発展につながった。MEMSという言葉はこの流れを意識して使われることが多い。当初は，加速度や圧力といった機械量を電気信号に変換したり，電気信号によって力を発生させたりといった電気電子と機械の分野における変換機能が主たる研究モチーフであった。機械の分野の熱や流体との相性もよかったことから，その後センサ・マイクロマシンの扱う領域は化学，さらにバイオの分野へと応用範囲を展開していくことになる。

センサ・マイクロマシンの扱う対象が電気電子や光，機械から化学，バイオへと広がる中，センサ・マイクロマシン自体はどのようにその機能を生み出して対応しているのだろうか。センサ・マイクロマシンの具体的なデバイスに着目すると，どうしても応用の多様性に目を奪われがちになる。そこで，本書はセンサ・マイクロマシンの基礎に焦点を当て，“物性と場”に着目することにした。元を辿れば，ありとあらゆる信号を扱おうとするセンサ・マイクロマシンの物理的存在は物質に回帰し，機能は場との関係を通して発揮されているとの考えからである。根底では，物質でつながり，周囲の場に包まれて機能しているセンサ・マイクロマシン。一般には異なる科目で学ぶ物性や場の内容を，センサ・マイクロマシンの主題のもとにまとめることを目指した。既存の学びの体系を横断する部分もあり，1章において本書の構成に関する考え方を説明してあるので，参考にしていただきたい。

本書を執筆するに際し，機械工学，特に材料の力学や結晶工学に関する部分について同僚の鳥山寿之先生にご協力をお願いし，執筆いただいている。また，この場を借りて，執筆の環境づくりに協力してくれた周囲に感謝したい。

最後に，執筆の趣旨を理解していただき，企画から出版に至るまで，明るく伴走いただいたコロナ社の方々に謝意を表する。

2024年5月

小西　聡

目　　　　次

1.　序　　　　論

2.　身近なセンサ・マイクロマシン

3.　物質を構成する結晶構造と原子

4.　原子から結晶構造，そして物性へ

5.　物質の接触，接合とデバイス機能

6.　電磁気的物性と場，そしてデバイス機能へ

執筆分担

小西　聡　1 章，2.1 ～ 2.3 節，2.4.2 項，3 章，4.1，4.2 節，4.3.3 項，5，6 章

鳥山 寿之　2.4.1，4.3.1，4.3.2，4.3.4 項

1 序論

本章では，センサ・マイクロマシンについて，まずその役割である信号・エネルギーの変換について述べる。デジタル変革時代においてますます重要となるフィジカル空間の情報取得機能には，センサ・マイクロマシンデバイスの信号・エネルギー変換機能が不可欠である。多くの情報がコンピュータ処理され，ネットワークを通して共有されるサイバー空間に対して，人間が存在するフィジカル空間とのやりとりには，センサやマイクロアクチュエータが重要な役割を担っている。センサやマイクロアクチュエータは，物性と場をうまく活用して信号・エネルギー変換機能を実現している。

また，センサ・マイクロマシンデバイスの小型化には半導体技術を援用したマイクロマシニング技術が用いられてきたが，さらに微細化を進めるにあたってナノテクノロジーが重要な存在となってきている。ナノテクノロジーは単なる微細化のみならず化学やバイオとの関連性を強める役割も果たしている。さらに，これらのセンサ・マイクロマシンに関する背景を踏まえ，2章以降の章構成について説明をする。

1.1 センサ・マイクロマシンの信号・エネルギー変換機能

センサ・マイクロマシンのデバイスであるセンサやマイクロアクチュエータは，さまざまな機能を提供している。具体的には，信号やエネルギーを変換する変換機（トランスデューサ；transducers）としての役割を担っている。通常マイクロアクチュエータには，主体側から電気的な入力を与える。一方，センサの場合，機械量センサでは応力に伴うひずみ等の機械的な入力が与えられ，温度センサでは温度あるいは熱が入力となるなど，入力形態もさまざまである。

センサ，特に機械量センサを考えると，加速度や圧力といった機械的な信号を電気信号に変換している。一方，マイクロアクチュエータは電気信号を駆動力や変位といった動作に変換する。センサからの出力およびマイクロアクチュエータへの入力が電気的な信号になるのは，信号を活用する主体側の信号処理回路（CPU）が電気信号を扱う形態だからである。現代では，コンピュータによる信号処理が用いられ，アナログ信号とデジタル信号の変換などのインタフェースも充実している。マイクロエレクトロニクスの技術を援用した **MEMS**（micro electro mechanical systems）は，センサやマイクロアクチュエータ，信号処理回路のチップ上への集積一体化を可能にした。これらのデバイスと回路が一体化したチップはシステムとみなすことができる。

システムを制御するために重要な制御工学で用いるブロック線図を使って説明を加えることにする。**図 1.1** は入出力と伝達関数からなるシンプルなブロック線図の基本型である。ブロック線図とは，システム等を入力と出力の関係からとらえ，入出力関係を表す関数を伝達関数として表現する手法である。信号を矢印，信号変換をブロック（信号変換のボックス）でそれぞれ表現するためブロックには入る矢印と出る矢印がつながれている。また入力に伝達関数（図の $F(s)$）を乗じた結果が出力になる。通常信号変換の関係を数理的に記述する際，微分方程式が必要になる場合が多いが，ラプラス変換を施した伝達関数 $F(s)$ を用いることにより代数計算による関係表現が可能になっている。

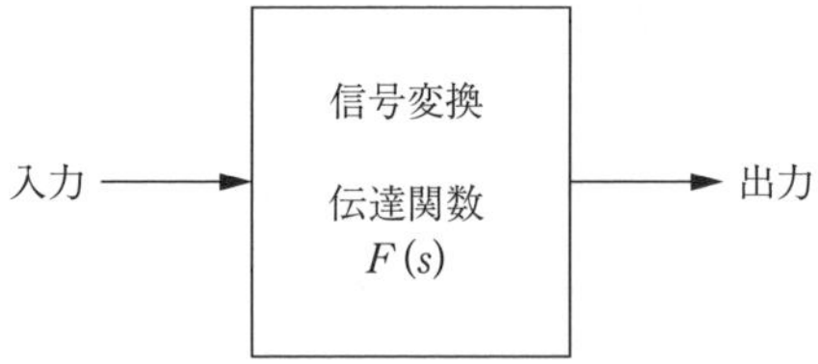

図 1.1　ブロック線図の基本型

ブロック線図ではラプラス変換という手法を適用することにより，入出力の関係を代数計算で扱える。すなわち，入力と伝達関数の積が出力になるため，大変便利である。ラプラス変換を施して得られる伝達関数 $F(s)$ は時間の関数ではない等の詳細はさておき，ここではセンサ・マイクロマシンデバイスの変換機能，トランスデューサとしての機能の説明に図のようなブロック線図を使うことにする。ブロック線図はブラックボックス的な手法であり，状態の詳細な記述（制御にはホワイトボックス的な状態空間表現という手法もある）よりも入出力関係に着目している。本書は，このブラックボックスの伝達関数 $F(s)$ の中身にも関心を持ちながら図 1.1 をとらえようとしている。

さて，**図 1.2** はネガティブフィードバックループの基本的なブロック線図である。系の伝達関数 $G(s)$ とフィードバック経路の伝達関数 $H(s)$ を定義する。図の伝達関数 $G(s)$ とフィードバック経路の伝達関数 $H(s)$ の意味について，さらに具体的に制御工学で表現される形として**図 1.3** を示す。現実的には，さらに外乱要素が加わる。図 1.2 および図 1.3 より，アクチュエータは $G(s)$ に，センサは $H(s)$ に含まれると考えることができる。制御主体が入力する制御入力（目標値）を直接受けるのは $G(s)$，すなわちアクチュエータ要素である。ここで主体とは，システムのオペレータであり，システムの制御部を担う CPU，コントローラのことである。アクチュエータは主体側からの能動的な入力がトリガとなるのに対して，センサのためのトリガとなる信号（エネルギー）

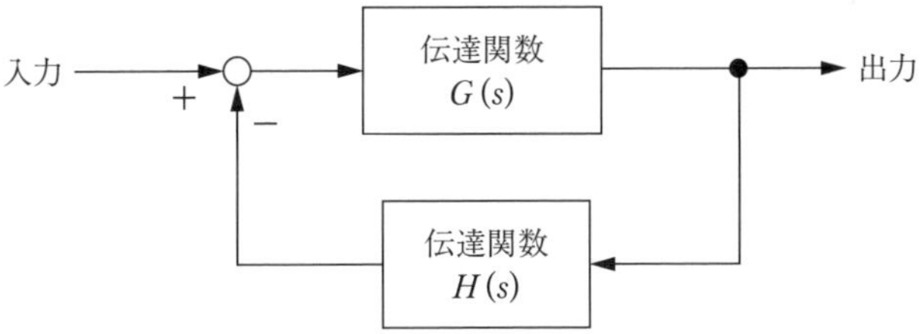

図 1.2　フィードバックシステムブロック図

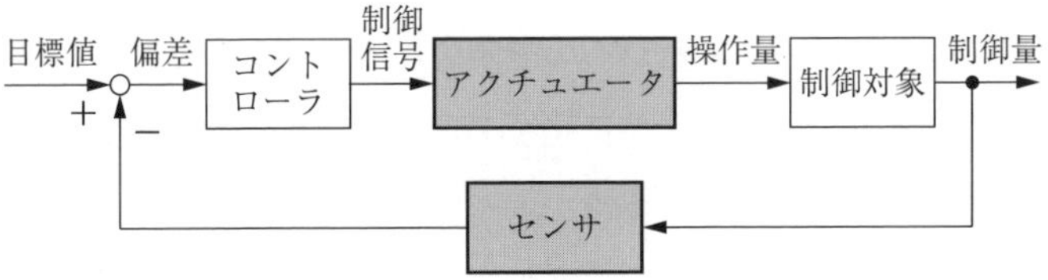

図 1.3　アクチュエータとセンサを有した
フィードバックシステムブロック図

の発生は多くの場合受動的である。

1.2　センサ・マイクロマシンの機能を生み出す源：物性と場

さて，センサやマイクロアクチュエータはどのようにして信号やエネルギーを変換しているのだろうか。センサやマイクロアクチュエータの機能を生み出すためには，デバイスに用いる材料の物性，さらにはデバイスが存在する場が重要な役割を果たしている。すなわち，**図 1.4** に示すように図 1.1 のセンサ・マイクロマシンのブロックが存在する場を加えた形態で変換機能が発揮されている。

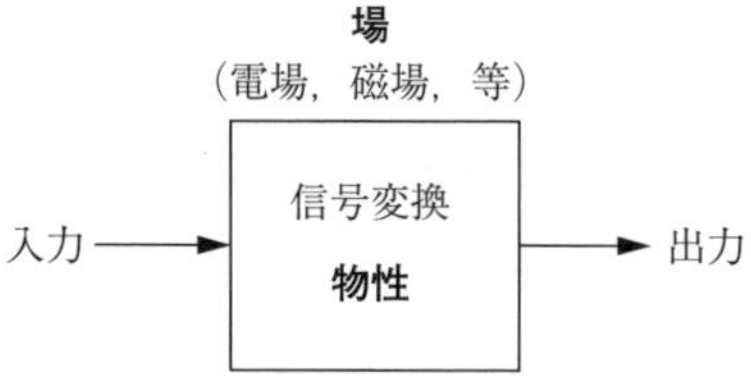

図 1.4　場の存在を加えたブロック線図

例えば機械量センサの動作原理の代表的なものとして，ひずみ抵抗型や静電容量型，圧電型を挙げることができる。ひずみ抵抗型センサは，場の外力により発生したひずみによって構造材料の物性である電気特性が変化することを利用している。静電容量型センサは，電子物性として誘電性が重要となるコンデンサの構造変形による静電容量変化を用いている。圧電型センサでは，ひずみにより電荷が発生するという材料の物性が利用されている。

マイクロアクチュエータの動作原理にも静電型，圧電型など各種ある。マイクロアクチュエータは，主体側からの能動的な入力をトリガとして機能するデバイスであることをすでに述べた。マイクロアクチュエータで用いられる静電型や圧電型の動作原理では，主体側が入力する電気的な信号やエネルギーにより生じるひずみや力，力による変形を動作に用いている。入力により発生させた電場によるひずみや力を利用しており，その変換効率には材料の物性が大きく関わっている。さらにセンサ・マイクロマシン，特にマイクロアクチュエータの出力は場の状態に変化をもたらす。その変化を検知してシステムに伝えるのがセンサの役割である。このように，センサ・マイクロマシンが活躍する世界は，物性や場が役者として重要な役割を果たしている舞台なのである。**図1.5**を用いてさらにこれらの関係と背景に言及することにする。

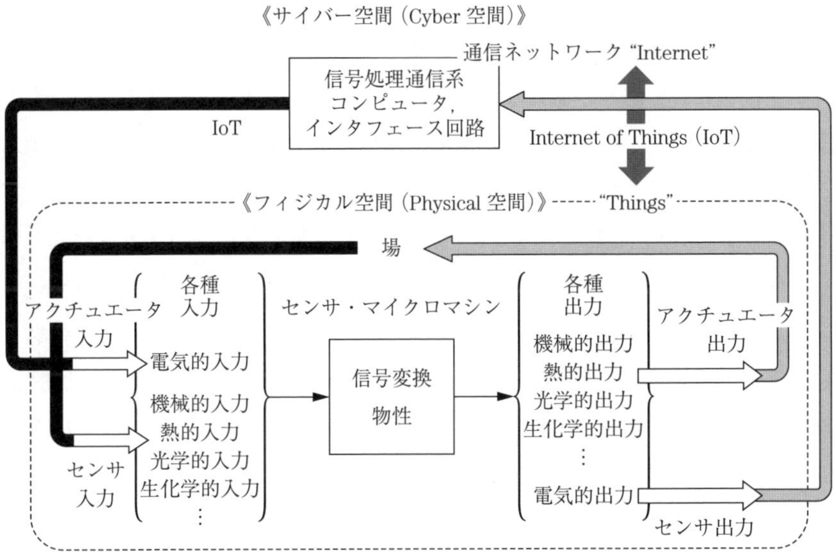

図1.5　センサ・マイクロマシンがつなぐフィジカル空間とサイバー空間

図に示すように物性や場が重要な役割を果たす舞台は主としてフィジカル空間である。物性と場の存在するフィジカル空間に対して，情報化，デジタル化が革新的に進む世界では，図に示すサイバー空間の存在も重要となる。図1.3のシステムの制御部を担うCPU，コントローラは，コンピュータ等のサイバー空間の存在となってきている。センサ・マイクロマシンはフィジカル空間の信号や情報をフィジカル空間内で扱うだけでなく，デジタル信号に変換してサイバー空間との間でやりとりする橋渡し役を担っている。IoT（internet of things）という言葉があるように，あらゆるもの（things）がインターネット（internet）につながる世界において，両者をつなげるインタフェース領域ではセンサ・マイクロマシンが重要な役割を果たしている。

1.3　センサ・マイクロマシンと物性

われわれはさまざまな物質，材料を活用して生活している。物質を理解し，物質を使いこなすことは，科学技術分野の一大テーマである。本書では，物質の三態のうち固体を中心に扱う。センサ・マイクロマシンの分野においては，特に生化学分野で応用が盛んな流体デバイスにおいて液体や気体の扱いが大変重要になるが，デバイス自体は基本的に固体の構造を有するため，基礎を学ぶにあたり対象を固体に絞ることにする。古来人類は，石，鉄，青銅，石炭，石油（高分子材料），そしてシリコン（以下 Si で表記する）等の半導体材料というようにさまざまな機能性材料を活用して発展を遂げてきた。昨今ではカーボンニュートラルを背景に，パワー半導体分野を中心に SiC や GaN などの材料も注目されている。半導体材料の中でも，半導体技術から発展した MEMS に象徴される半導体マイクロマシンの主要材料は Si といえる。では，Si はなぜ Si なのだろう。物質の定義にはいろいろな方法がある。伝統的には，融点や沸点，弾性や強度，導電性といった巨視的な物性を用いたものがある。

一方，元素周期表（表 3.1 参照）には，水素から順番に元素が並べられており，配置ルールが物質の定義と深く関わっていることが知られている。原子構造すなわち電子の振舞いや状態を用いる考え方である。センサ・マイクロマシンのデバイスの材料として重要な Si の原子番号は 14 番である。日常的には，電子のような微視的な現象と結び付けなくとも，マクロな物性を知るだけでも事足りることが多いのも確かである。しかしながらセンサ・マイクロマシンの理解を進めていく上で，さらには将来新たなセンサ・マイクロマシンを考案，設計するためには，マクロな物性理解だけでは十分ではなく，微視的な現象の理解が重要となる。ナノテクノロジーの台頭とともに，一層その重要性は認識されるようになっている。

1.4 センサ・マイクロマシンとナノテクノロジー

現代の情報化社会を支えるコンピュータから携帯電話に至るまで，マイクロエレクトロニクスを生み出す半導体技術がもたらした影響は計り知れない。半導体技術は，ホトリソグラフィという光を用いた微細加工技術を基盤にして微細化を推し進め，電子線を始め各種ビーム技術の導入により，その最小微細加工寸法がサブミクロン領域に入って久しい。加えて1980年代のSTM（走査型トンネル顕微鏡）の出現にみられるように，微細な探針を用いるプローブ技術の発展が進み，原子間力顕微鏡もいまでは珍しいものではない。原子操作技術による原子をビット情報単位とした記憶媒体の実現も期待されている。サブミクロン領域の半導体デバイスにおける量子効果の研究も活発に行われ，単純なスケールダウンの効用を超えたメゾスコピックな領域の可能性が注目を浴びることになる。量子論の歴史も100年となり，技術的にもサブミクロン領域の量子効果の活用がさらに現実的になってきていると期待される。量子コンピュータは，電子の振舞いを情報のビットの表現に利用しようとしている。電子が確率的に取り得る二つの状態を重ね合わせ，演算に用いた計算機がその飛躍的な性能によって今後の情報化社会において大きな変革をもたらすことが期待されている。

このようなトップダウンの微細化の技術進展を背景としたテクノロジーに対し，今世紀に入りボトムアップ的なアプローチの重要性が再認識されてきた。化学の分野ではすでに注目されていた自己組織化に代表される分子レベルの反応を利用した微細構造の構築技術である。トップダウン技術とボトムアップ技術がサブミクロン領域で出会い，ナノテクノロジーは一躍脚光を浴びることになる。ナノテクノロジーがその実力を最も発揮している分野の一つがバイオの分野である。マイクロレベルの細胞から飛躍的にスケールダウンし，タンパク質レベルへと，ナノバイオテクノロジーの扱える領域は拡がっている。ナノテクノロジーとも融合したセンサ・マイクロマシンがバイオ，さらにはメディカルの分野にも応用領域を拡げている状況は，分野の境界を越えて学ぶことの動機付けをさらに強くするものとなる。

1.5　本書の構成と活用法

本書は全6章から構成している。**図1.6**に本書が扱う学問体系と章構成の関係を提示しておく。

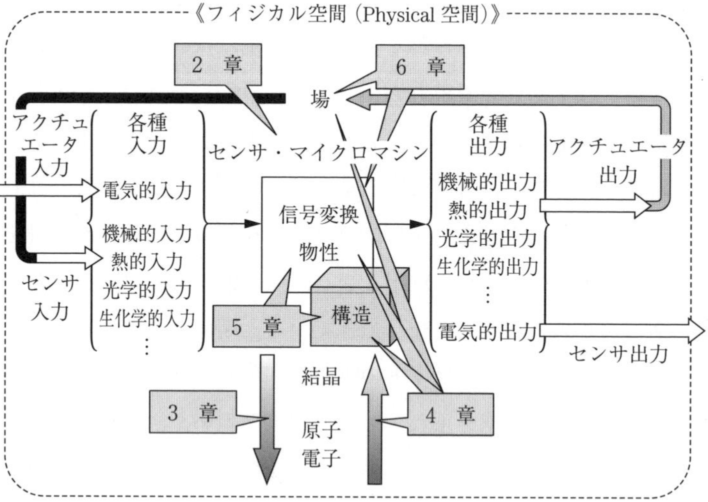

図1.6　本書で扱う学問体系 ―物性と場―

1章に続き，2章「身近なセンサ・マイクロマシン」では，身の回りの製品にすでに実用化されているセンサやマイクロアクチュエータなどのセンサ・マイクロマシンデバイスの実例を取り上げ，その機能を実現する背景にある物性の存在に言及し，3章以降の導入とする。各種物理量を電気信号に変換するマイクロセンサとして，機械量センサで広く使われているひずみセンサなどを例に取り上げ，物質（個体）の物性と場の関係について学ぶ必要性を共有する。さらに電気信号を駆動力や変位といった動作に変換するマイクロアクチュエータについて，マイクロセンサの原理に対応する変換原理に着目して述べる。熱と電気の関係においては，温度センサと対応させ，温度（熱）制御デバイスを取り上げる。信号を検知する受動的なセンサと能動的なデバイスであるマイクロアクチュエータの関係を熱の分野においても考察することにする。

つぎに，「マイクロマシン・デバイスの代表的な事例」として二つの代表的な事例を取り上げる。まずピエゾ抵抗型圧力センサを紹介する。応力によるひずみによって構造材料の電気抵抗が変化するピエゾ抵抗効果とその代表的な応用例として圧力センサを取り上げる。結晶構造との関係については，ピエゾ抵抗の特性が結晶方位によって異なる（結晶異方性）観点から，後の4章で理解を深める。2例目として**デジタルマイクロミラーデバイス**（digital micromirror device，**DMD**）を紹介する。電場により発生させた静電力で回転動作するマイクロミラー技術を取り上げる。デジタルマイクロミラーデバイスは，応用として**反射型プロジェクタ**（digital light processing，**DLP**）に広く使われている。駆動原理である静電力については6章で議論する。

3章「物質を構成する結晶構造と原子」では，図1.6の3章該当部に示すように，トップダウン的に物質を理解するために，物質の内部即ち物質の結晶構造に着目し，さらに原子，その内部へと話を進める。結晶構造についてまず整理し，センサ・マイクロマシンの主要材料であるSiの結晶構造に着目する。結晶構造は原子が集まり結合した構造である。つぎに電子配置に基づいて原子構造を把握し，原子間結合から結晶構造の構成に関する理解を進める。さらに，物質を定義するような役割を担う原子内の電子の状態へと理解を深める。原子モデルの量子論に基づく分析を通して原子内の電子のエネルギー状態を把握する。

4章「原子から結晶構造，そして物性へ」では，図1.6の4章該当部に示すように，再びボトムアップ的に結晶構造，物質へと話を戻すことになる。3章では，トップダウン的に物資，結晶構造から内部の電子へと焦点を当てた。4章では，原子内の電子状態の理解に基づき，原子が集まり分子，さらには結晶構造を構成する際の物質中の電子の状態（エネルギーバンド構造）の理解へとつなげていく。原子間の相互作用からポテンシャルエネルギー，さらに物性とのつながりに触れる。3章では，物性のうち電子の状態と直接的に関わる電気的特性に関して電気伝導性について述べたが，4章では対象とする物性を拡張する。物質のギブスの自由エネルギーを用いて，力学系，電気系，磁気系，熱系に関する状態変換について考察を行い，センサ・マイクロマシンの変換機（トランスデューサ）としての動作原理の基礎となる物性と場の理解を深める。電気伝導性をはじめとする電気的特性，弾性にみられる機械的特性についても述べる。さらに，結晶構造の理解を踏まえ，物性の結晶異方性について取り上げる。この観点から，図1.6には物性に加えて構造の要素を示している。センサ・マイクロマシンはさまざまな微細構造を活かしている。結晶構造と物性の関係について，まず機械的特性から弾性特性の弾性係数の結晶異方性を取り上げ，テンソルを用いた理論を学ぶ。マイクロセンサの物性からは，ひずみセンサで用いるピエゾ抵抗効果のパラメータであるピエゾ抵抗係数を取り上げる。またマイクロセンサ，マイクロアクチュエータ両方の観点から圧電性について結晶異方性を取り上げる。最後に，センサ・マイクロマシンの製造技術である**マイクロマシニング**（micromachining）の話題から，Siの結晶異方性エッチングにみる結晶異方性を取り上げる。Siの結晶異方性エッチングは，センサ・マイクロマシンの微細加工技術の中でもユニークな技術として広く普及している。

5章「物質の接触，接合とデバイス機能」では，物質を各種組合せ，接合して実現する各種機能について述べる。この観点からも，図1.6に示した構造の役割が重要となる。半導体デバイスの理解の入り口ともいえるpn接合ダイオードは，p型半導体とn型半導体を接合して構成する。同種，異種の物質を接触，接合すると整流性などの新たな特性が現われる。本章では，3章で学んだエネルギーバンド構造理論を用いたデバイス機能の知識をもとに，物質の接触，接合によるデバイス機能の設計の考え方について述べる。

6章「電磁気的物性と場，そしてデバイス機能へ」では，センサ・マイクロマシンのデバイス機能の実現において物性とともに重要となる場を取り上げ，中でも電磁気的な場に着目し，物性との関係を学ぶ。4章では，物質のギブスの自由エネルギーを用いて，物性と場の重要性，さらにはそれらをつなぐ関係を把握した。物性単独で機能を実現するのみならず，周囲環境である場の存在が加わることにより，デバイス機能の豊かな可能性を拡張しているといえる。6章では，誘電体や磁性体の物性を把握し，電場や磁場といった場との関係について理解を進める。コンデンサ容量の変化を用いた静電容量型センサ，そして静電場による力の発生を利用した静電型マイクロアクチュエータの動作原理について説明する。さらに圧電センサおよび圧電アクチュエータについても言及する。磁気デバイスに関しては，電磁マイクロモータ，さらには磁気センサ（ホールセンサ）にも用いられるホール効果に関する話題を取り上げ，電磁気的物性と場の関係に関する理解を深める。物性と場をうまく活用したセンサ・マイクロマシンのデバイスの話題を通して，本書で学んだ内容の総合的な理解を目指す。

以上のように本書では，センサ・マイクロマシンの基礎となる物性と場について，図1.6に示す体系に基づき全6章構成で述べていくことにする。

2

身近なセンサ・マイクロマシン

1章で述べたように，マイクロセンサもマイクロアクチュエータも，信号やエネルギーを変換する変換機（トランスデューサ）としての役割を担っている。センサの場合，特に機械量センサでは応力に伴うひずみ等の機械的な入力を検知し，電気的信号に変換する。一方のマイクロアクチュエータには，主体側から電気的な入力を与え，変換後の出力をさまざまな用途に利用する。

本章では，身近なセンサ・マイクロマシンのデバイスを取り上げながら，その動作原理の基盤となる物性や場の作用を認識し，3章以降で学ぶ内容へ導入する。

2.1　身の回りで活躍するセンサ・マイクロマシン

スマートフォンには，多くのセンサ・マイクロマシンが使われている。スマートフォンに入っているセンサ・マイクロマシンの中でも，マイクロフォンや加速度センサは，その最も代表的なものとして挙げられる。マイクロフォンは，音声を電気信号にした音声通信に加え，スマートフォンの音声指示機能の実現にも欠かせない。また加速度センサやジャイロスコープは，スマートフォンの動きや傾きを検知して，画像の縦横表示を切り替えたり，歩数の計数に使われたりしている。

図 2.1 はスマートフォンの中に組み込まれている加速度センサ他，各種センサの写真である。このマイクロフォンや加速度センサは，どのように音声や加速度を検出しているのだろうか。マイクロフォンや加速度センサのようなマイクロセンサに加えて，能動的な動きを生み出すマイクロアクチュエータもセン

図 2.1　スマートフォン内の加速度センサ等の各種センサ

サ・マイクロマシンのデバイスとして重要である。

センサとアクチュエータ両方の変換機能を具有する圧電型のデバイスのうち身近な例を紹介しておくことにする。**図 2.2**（a）は圧電マイクロアクチュエータを搭載した**インクジェットプリンタ**の写真である。このインクジェットプリンタの中に組み込まれ，インクを吐出する機能を担う圧電マイクロアクチュエータ（ピエゾアクチュエータ）の写真を示す（図（b））。圧電マイクロアクチュエータは，SiO_2 を成膜した Si 基板による振動板上に厚さ 1 μm の圧電セラミックス（PZT(PbTiO3)）（図のピエゾアクチュエータに対応）の膜を形成している。Si 基板の裏面には，図（c）に示すように，インクを押し出すための圧力室とインク導入口と流路が微細加工されている。この圧電アクチュエータに電圧を印可すると振動板が変形し，圧力室内のインクを押し出し，インクを吐出している。

つぎに，センサの実用例を紹介する。**図 2.3**（a）は振動/加速度センサの外観写真である。建物や橋梁などインフラの状態をモニタリングする等に用いられている。図（b）はこの振動/加速度センサの中に組み込まれ，加速度を検知する機能を担う検出素子の電子顕微鏡写真である。図（b）の検出素子は圧電振動子である双音さ水晶振動子を用いている。双音さ水晶振動子に，地震，

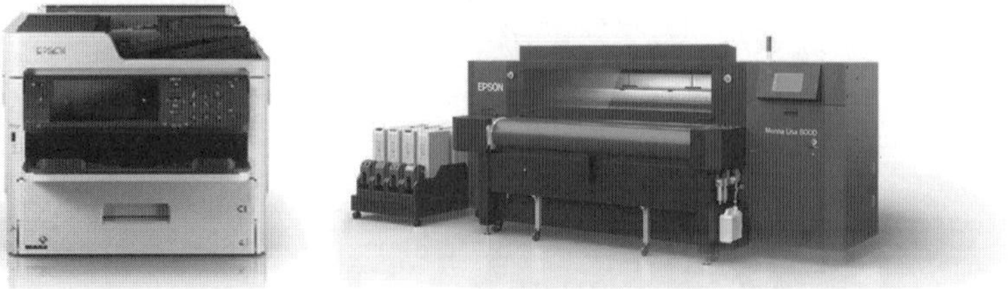

（a） インクジェットプリンタ

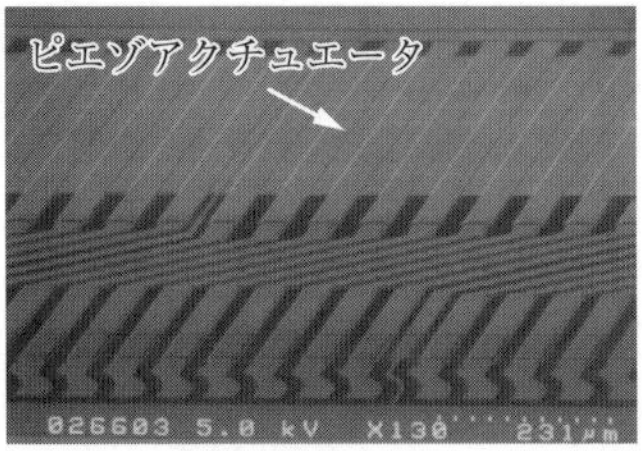

（b） インク吐出圧電マイクロアクチュエータ

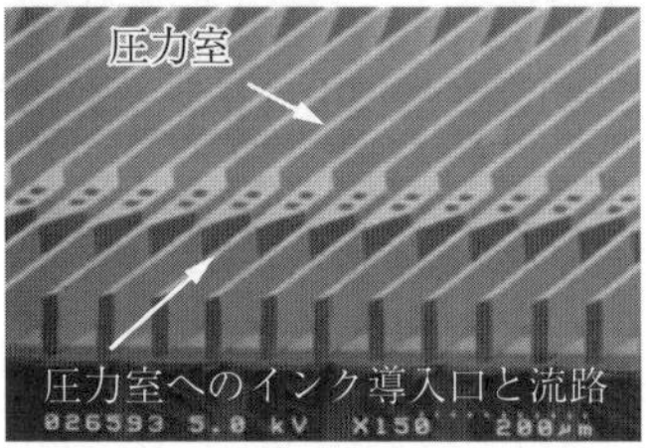

（c） 背面の圧力室

図 2.2　インクジェットプリンタ〔提供：セイコーエプソン株式会社〕

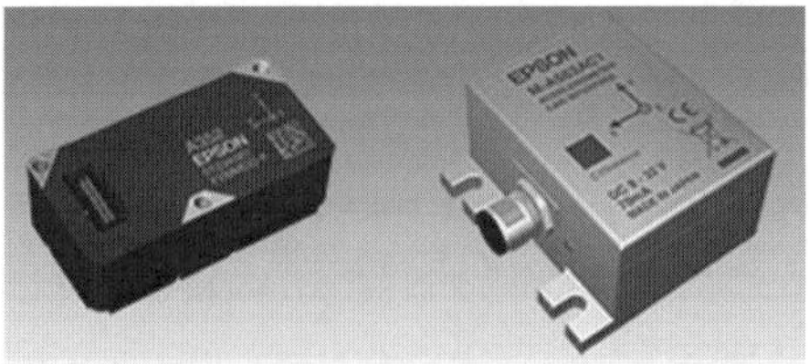

（a） 振動 / 加速度センサ

（b） 水晶製圧電振動子を用いた検出素子

図 2.3　振動/加速度センサと水晶製圧電振動子を用いた検出素子〔提供：セイコーエプソン株式会社〕

環境振動，重力や運動による力が加わると，検出素子には圧縮力や伸張力が生じる。これらの圧縮/伸張力による共振周波数の変化を利用している。

つぎに，生化学センサの例を挙げておく。**図 2.4**（a）は製品化されている **pH センサ**の写真である。この pH センサには，**MOS**（metal oxide semiconductor）**構造**という物質を組み合わせて接合することにより実現する機能構造が用いら

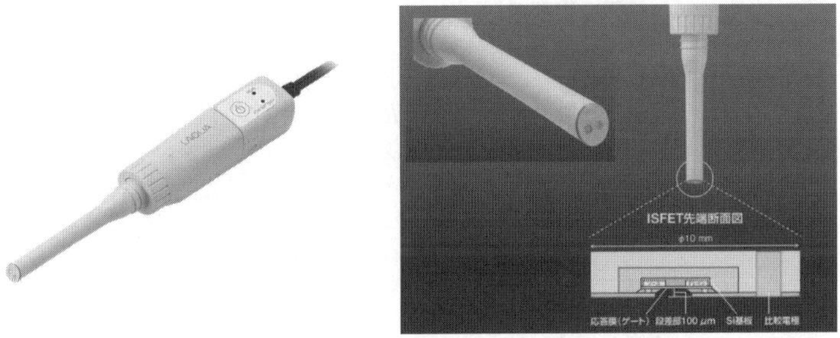

（a）　ISFET pH センサ製品　　（b）　ISFET センサチップ部

図 2.4　ISFET pH センサ製品と ISFET センサチップ部
〔提供：株式会社堀場製作所〕

れている。5 章で詳しく説明することになるが，MOS 構造は金属/酸化物（絶縁体)/半導体を積層して，**ゲート**（gate）と呼ばれる金属表面の電圧を増幅する機能を実現している。MOS 構造は通常増幅回路素子（トランジスタ）として用いられているが，金属表面の電気的状態を増幅する機能をセンサ機能に転用したのが **ISFET**（ion sensitive field effect transistor）である。図（b）は，pH センサ先端部にある ISFET センサチップ部を示している。ゲートと呼ばれる部分には**応答膜**という機能膜が用いられている。また比較電極が集積化されている。

以上のように，われわれの身の回りには多くのセンサ・マイクロマシンが導入され，日々活躍していることが実感できる。

以下では，代表的な事例として圧力センサやミラーデバイスをとりあげながらトランスデューサであるマイクロセンサ，マイクロアクチュエータについてもう少し詳しく紹介し，その後に続く物性，場の学びへとつなげていく。

2.2　マイクロセンサと物性および場

各種物理量を電気信号に変換するマイクロセンサとして，まず，**ひずみセンサ**を挙げる。**図 2.5** に示すように，電気抵抗が変形した際に抵抗値が変化する

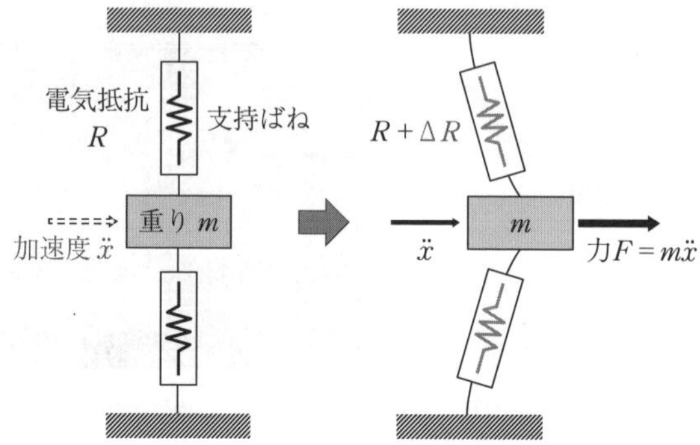

（a） 外力による構造変形と電気抵抗変化

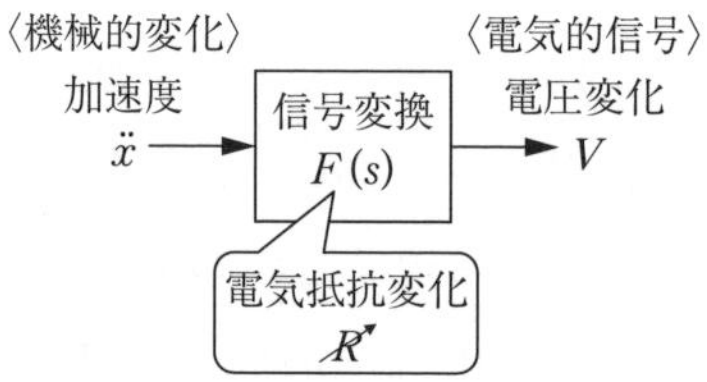

（b） ブロック図表現

図 2.5 外力による構造変形と電気抵抗変化とそのブロック図表現

ことを用いているタイプを紹介する。ひずみセンサは，構造の変形ひずみを計測することができるため，機構設計によってさまざまな機械的変化を計測するセンサに応用されている。例えば，加速度や角速度が重りに加わって発生する力やトルク，受圧部に加わる圧力によって生じるひずみの計測が可能である。

図（a）では，電気抵抗 R を有する支持構造に重り m がついている。図（b）は，図（a）のブロック図表現である。重りに加速度 $\ddot{x}$ が加わると，慣性力 F によって支持構造が変形し，電気抵抗の抵抗値 R は変化量 ΔR だけ変化する。受圧部の面積を A とすると図における力 F は慣性力 $m\ddot{x}$ の代わりに圧力 P と A を乗じた PA になる。この変形をひずみセンサが検知することによって，加速度や角速度，圧力といった物理量を計測する加速度センサ，ジャイロスコープ，圧力センサが実現されている。

ひずみセンサは，ひずみによる電気抵抗値の変化を用いており，金属型と半導体型ではメカニズムが異なる。金属型ひずみセンサは，抵抗構造の変形による寸法の変化による電気抵抗変化を用いている。一方，半導体では，ひずみによる電気抵抗率の変化が大きく，金属の数十倍以上の変化率を示す。これを**ピエゾ抵抗効果**（piezo resistance effect）と呼んでいる。ピエゾの語源は圧力を意味するギリシャ語からきている。金属と半導体の物性の違いがセンサの原理，特性に大きく関わっていることがわかる。

ひずみを計測するセンサには，圧電効果や静電容量変化を用いるものもある。圧電効果を用いる**圧電型センサ**は，図 2.5 で紹介したような**ひずみセンサ**に加え，**圧力センサ**，**マイクロフォン**などに用いられている。古くは水晶，最近ではセラミックスや有機材料も用いられるようになった圧電材料は，絶縁体の一種である。電気伝導性に着目した場合絶縁性の観点から**絶縁体**と呼ぶが，誘電性に着目する場合は**誘電体**と呼ぶ。誘電体のうち圧電性をもつ物質が圧電材料である。誘電体では，構成原子どうしの電気的な正負のつり合いから分極が発生しており，これを**自発分極**という。外部電場がない場合，この自発分極はたがいに分極を打ち消し合っている。圧電材料には通常あらかじめ分極処理が施される。

圧電体に応力を加えてひずみを発生させると結晶構造内部の正負電荷の相対位置がずれ，分極状態が変化し，圧電体表面に電気的変化が発生する。**図 2.6** に圧電性の信号変換のブロック図を示す。外部電界が加えられていない場合を設定している。この電気的変化を計測することによりひずみを計測することができる。図のブロック図は応力 T と電束密度 D の関係を表現しているが，間では電荷の変化，電圧の発生などが含まれている。圧電定数 d の添え字等，詳

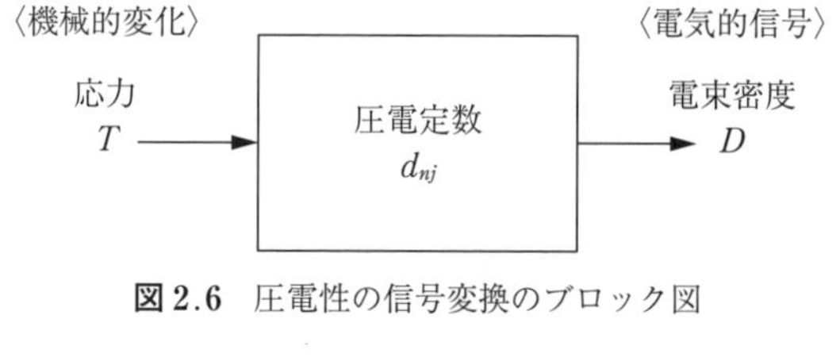

図 2.6　圧電性の信号変換のブロック図

細は 4 章および 6 章で説明することになるが，誘電体のような**電気伝導性**，さらには**圧電性**という電子物性がセンサの原理として利用されている例である。

さらに静電容量型センサがひずみや変位の計測に用いられている。物質（固体）自体の特性変化を用いるひずみ抵抗変化型や圧電型センサと異なり，可動電極構造により構成した静電容量（コンデンサ）の変化を用いる。静電容量型センサは，可動電極の動作変位を計測することができるため，機構設計によってさまざまな機械的変化を計測するセンサに応用されている。ひずみセンサと同様に加速度や角速度，圧力の計測も可能である。

図 2.7（a）に示すようにばねで支持された可動電極と固定電極との間に形成した静電容量 C を計測し，可動電極の動作（ひずみや変位）を検出するセンサである。図（b）は，図（a）のブロック図表現である。図では，加速度 $\ddot{x}$ による慣性力 F で可動電極と固定電極の間隔が変化し，静電容量が変化する

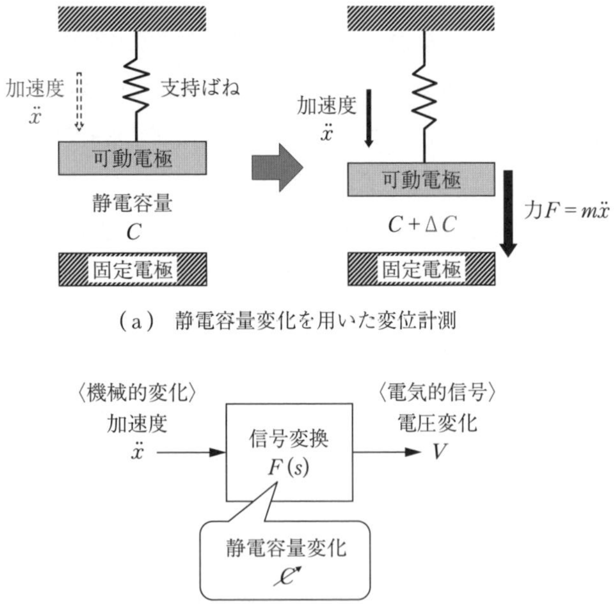

（a）静電容量変化を用いた変位計測

（b）ブロック図表現

図 2.7　静電容量変化を用いた変位計測とそのブロック図表現

ことを利用している。受圧部の面積を A とすると図における力 F は慣性力 $m\ddot{x}$ の代わりに圧力 P と A を乗じた PA になり，圧力センサの原理としても利用が可能である。

さらに，静電容量は空間の誘電率 ε に依存するため，場の特性が重要となる。本書がセンサ・マイクロマシンのデバイスを学ぶ基礎的な背景として，物性と場の両方を重視するゆえんである。

マイクロセンサとしては，ひずみセンサ以外にも温度センサや磁気センサ，光センサが同様に物性や場を利用して実用化されている。

温度センサには，電気抵抗の温度依存性を用いたサーミスタやゼーベック効果を用いた**熱電対**が有名であるが，いずれも物質（固体）の物性を利用している。サーミスタには，金属酸化物等の半導体の優れた温度特性を活かして温度を検出している。熱電対では，温度差により二種の金属材料の接合点に発生する起電力を用いている。金属や合金の組合せが実用化されているが，半導体も用いることができる。

図 2.8 は，金属や半導体でできた計測部の両端に温度差 ΔT がある場合を示している。このとき計測部の両端に接触する金属電極・配線（金属 A や半導体とは異なる金属 B）との間に起電力 V が発生する。これを**ゼーベック効果**と呼んでいる。この起電力 V が温度差 ΔT に依存するため温度センサに用いることができる。温度差をなくすための熱運動による自由電子の拡散による電気的偏りによる現象と考えられる。やはり，物質（固体）の物性が活用されて

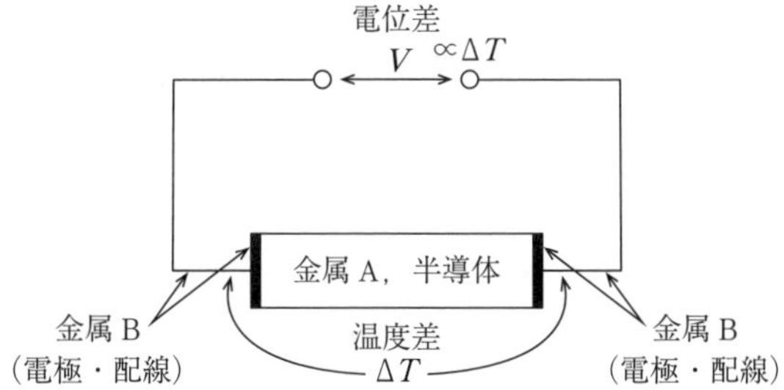

図 2.8 ゼーベック効果

いる。

磁気センサとしては，ホール素子が有名であり，詳細は6章で述べる。ホールセンサは，半導体に電流を流した際に電流方向と直交する方向の磁界によって発生する電圧を計測する。電圧の発生方向は，フレミングの左手の法則に従い，電流，磁界の両方に直交した方向となる。このように**半導体**という物性と**電磁場**という場の連携によって成せる技術といえる。

光センサは，受光素子として光信号を電気信号に変換する。光電効果は，エネルギーの保存則に基づき説明されるが，量子論の知識が重要となる。光と電気信号の変換に関する物性に関しては，のちに5章で触れる。

2.3　マイクロアクチュエータと物性および場

各種物理量を電気信号に変換するマイクロセンサに対して，**マイクロアクチュエータ**は電気信号を駆動力や変位といった動作に変換する。さらに，電気信号の変換後の出力形態を広義にとらえ，力や変位だけでなく温度や光といった物理量も含めて扱うことが考えられる。

マイクロアクチュエータには，リレーなどの電気的スイッチに始まり，情報通信機器内のスキャナーのような光の空間操作，X-Y-Z ステージのような精密位置決め等への応用がよく知られている。バルブやポンプなどの流体応用も古くから盛んである。マイクロアクチュエータによる振動を用いると，振動特性の変化を検知する方式のさまざまなマイクロセンサが実現できる。**圧力センサ**やジャイロスコープなどの**機械量センサ**に加え，各種分子吸着を用いた**ガスセンサ**や**バイオセンサ**にも利用することが可能である。

マイクロアクチュエータは，主体側から電気的な入力を与えて動作を生み出す能動的なセンサ・マイクロマシンのデバイスである。マクロな領域でも代表的なアクチュエータである電磁モータでは，電磁場を利用し，入力電流で駆動制御を行う。マイクロアクチュエータにおいても，物性と場の役割は重要となる。

圧電材料は，マイクロセンサの原理で用いられていた圧電性とは逆の逆圧電性も示し，アクチュエータの原理として用いることができる。図 2.2 で紹介したインクジェットプリンタ用の**圧電マイクロアクチュエータ**が好事例である。圧電体に電圧印加による外部電場を与えると分極状態を変化させて自発分極をそろえるようにひずみを発生させることができる。**図 2.9** に逆圧電性の信号変換のブロック図を示す。図は外部応力が加えられていない場合であり，圧電定数 d の添え字等，詳細は 4 章および 6 章で説明する。

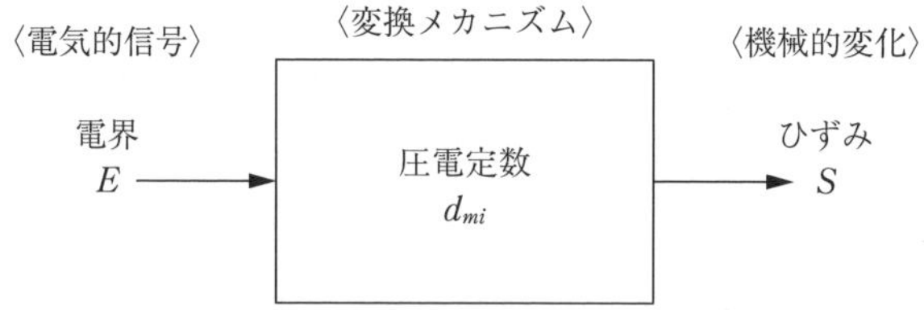

図 2.9　逆圧電性の信号変換のブロック図

逆圧電性によるひずみ変位の発生機構は，古くはクオーツ時計でも用いられており，水晶の圧電性を利用した**振動アクチュエータ**の用途は広い。ほかにも，高精度の位置決め機構や超音波発生装置などに用いられる。

ここで着目しておきたいのは，圧電材料が圧電性と逆圧電性の両方を兼ね備えている点である。センサの検知原理になる圧電性とアクチュエータの動作原理になる逆圧電性を両性具有した存在はいわゆるトランスデューサとして究極であるといえる。マクロな系では，6 章でも扱うアクチュエータである電磁モータと発電機かつセンサでもあるタコジェネレータが同様の関係にあるといえよう。この特徴は，圧電デバイスや電磁デバイスだけではなく，静電容量型デバイスについてもみられるので続いて紹介する。

同様に**静電型デバイス**においても，コンデンサの静電容量を介したセンサとアクチュエータの関係性がみられる。静電容量型センサは，機械的変化によりコンデンサの可動電極が変位し，コンデンサの静電容量が変化したことを検知し電気信号を出力する。一方，この静電容量型センサの可動電極構造に電圧を印加すると固定電極との間に静電引力が発生し，アクチュエータとして動作する。早い段階から，この電極の動作は，**サーボ型静電容量型加速度センサ**にも応用されている。

図 2.10 に示すように上下固定電極間に重りを一体化した可動電極を配置する。重りに加速度がかかると慣性力により支持構造が変形し，固定電極と可動電極が形成する静電容量が変化する。この静電容量変化を検出すれば加速度を求めることができる。しかしながら，このままではセンサの計測レンジは電極間の初期ギャップに制約を受けてしまう。そこで，電極間に必要な電圧を印加してアクチュエータとして動作させ，可動電極を初期の中立位置に維持する制御をかけるようにする。このとき可動電極の位置保持に必要とした印加電圧から加速度を求めることができる。このように，サーボ型静電容量型加速度センサでは，センサとアクチュエータが同居しているとみなせる。圧電デバイスが具有していた両機能を静電型デバイスも同様に実現，兼備し，積極的に利用している好事例である。

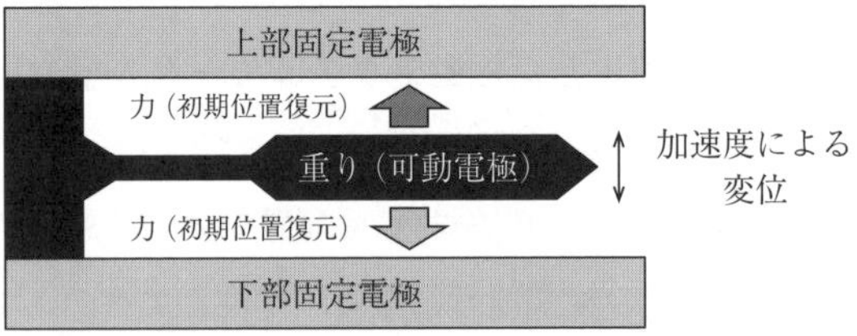

図 2.10　サーボ型静電容量型加速度センサ

6 章で詳細は述べることになるが，**図 2.11** に静電型，トランスデューサの入出力関係をまとめておく。図の左側には信号増幅用アンプやデジタル信号処理用のコンピュータ等の信号処理系の存在を，右側には対象環境や物体をイメージするとよい。左側からマイクロアクチュエータに入力された電気的信号である電圧 V が静電容量 C を変化させて仕事をしようとする静電力を発生し，電極を動作させて変位 x を発生させる。静電エネルギーが電圧 V の 2 乗に比例することから，静電力そして動作変位も電圧 V の 2 乗に比例する。マイクロアクチュエータの出力は右側の対象環境や物体に影響を与える。一方センサ

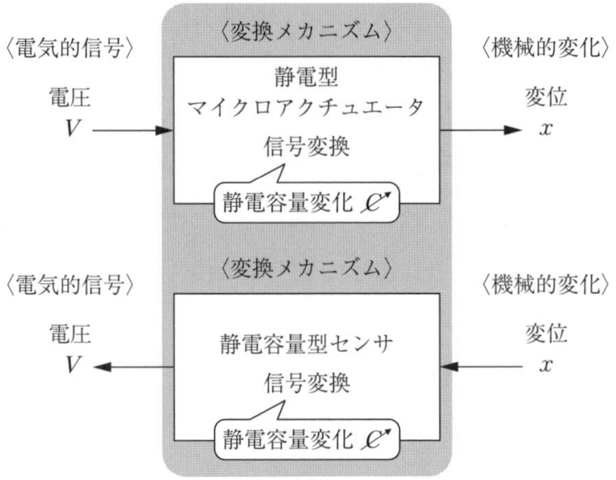

図 2.11　静電型，静電容量型トランスデューサ

は右側の対象環境や物体から受けた力などによる可動電極の変位 x を検知する。可動電極が変位すると静電容量 C が変化する。図 2.11 では，コンデンサに蓄えられている電荷を固定した場合を想定する。この変化量に依存する電圧信号を計測しているのが**静電容量型センサ**である。得られたセンサ信号は，左側の信号処理系で処理される。併せて**図 2.12** には，圧電型トランスデューサの場合の信号の流れおよび変換関係についても比較のために示してある。

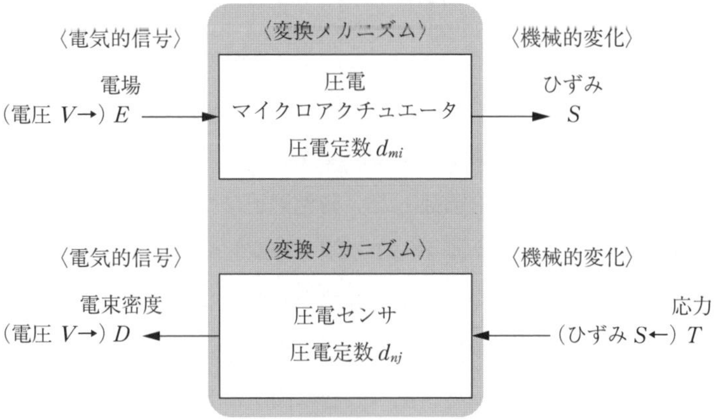

図 2.12　圧電型トランスデューサ

つぎに，温度あるいは熱と電気信号との関係について述べる。すでに，温度や熱を電気信号に変換をするゼーベック効果を温度センサの原理として紹介した。ゼーベック効果に対して，逆に電気信号を用いて温度変化を起こす**ペルチェ効果**は，冷却用途等の温度制御素子に用いられている。**図 2.13** に**ペルチェ素子**の模式図を示した。ペルチェ素子は，二種の材料を接合させ，外部電圧を印可して電流を流すことによって発生する接合界面における熱の出し入れを利用している。電流（電子の流れ）の向きによって吸熱／放熱を制御し，温度変化を起こしている。材料 A と材料 B については，化合物半導体（Bi, Sb, Te 等）の p 型と n 型の組合せが代表的である。物質の接触，接合に関しては，5 章で扱う予定である。

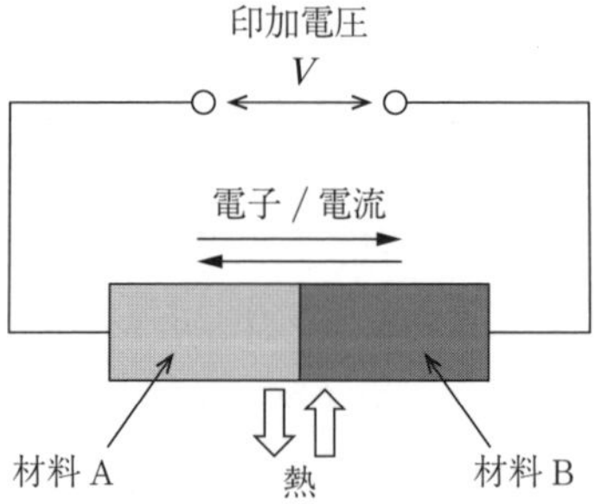

図 2.13　ペルチェ素子

また光と電気信号との関係においても，信号変換が能動デバイスを可能にしている。光を電気信号に変換する各種光電効果を用いた**受光素子**に対して，電気信号を光に変換する**発光素子**がある。受光素子については，光量子のエネルギー保存則の理解の重要性を前述した。発光素子についても同様に，原子スペクトルを量子数や電子のエネルギーで説明・理解しているように，原子モデルにつながる原子内のエネルギー構造の理解が重要となる。これらの背景，考察を踏まえ，本書では物性についての学びを重視している。受光素子，発光素子の動作原理については，物質の接触，接合に関する 5 章でも扱う予定である。

2.4　センサ・マイクロマシンの代表的な事例

2.4.1　半導体ダイアフラム型圧力センサ

図 2.14 と**図 2.15** は，それぞれ Si ピエゾ抵抗型ダイアフラム圧力センサのパッケージ商品と集積化 Si ピエゾ抵抗型ダイアフラム圧力センサの例である。

図 2.14　Si ピエゾ抵抗型ダイアフラム圧力センサのパッケージ商品例〔提供：フジクラ株式会社〕

図 2.15　集積化 Si ピエゾ抵抗型ダイアフラム圧力センサの例〔提供：フジクラ株式会社〕

図 2.14 と図 2.15 に示した圧力センサの例には対応していないが，一般に**図 2.16** に示すように Si のピエゾ抵抗型ダイアフラム圧力センサ（図（a），（b））はダイアフラム上にピエゾ抵抗素子が配置されている（図（c））。

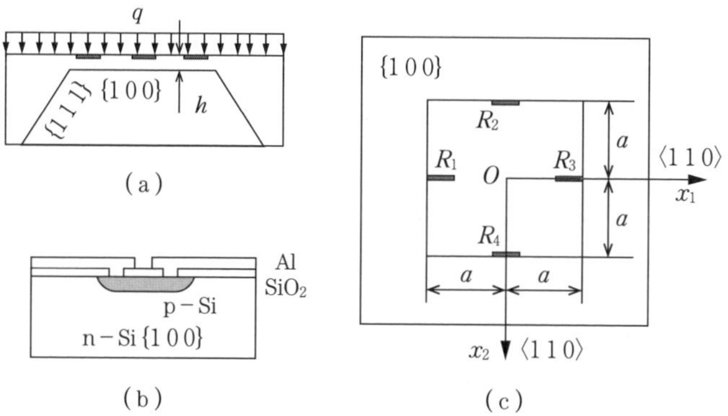

図 2.16　Si のピエゾ抵抗型ダイアフラム圧力センサ

MOSトランジスタ集積回路とセンサのオンチップ化の適合性を考慮すると，Siウェーハは{100}面を選択することになる。図（a）のダイアフラム構造はSiウェーハの異方性エッチングにより形成される（4.3.5項参照）。ピエゾ抵抗素子は不純物拡散技術によりn型Siウェーハ表面に不純物としてボロンをドーピングすることにより形成したp型Si層を利用する（図（b））。図（c）に示すように四つのピエゾ抵抗素子の抵抗値をそれぞれR_1，R_2，R_3，R_4として，ブリッジ回路に接続すると入出力電圧の比は次式で与えられる（演習問題【4.5】参照）。

$$\frac{V_{\mathrm{out}}}{V_{\mathrm{in}}} \cong \frac{3\pi_{44}}{\pi^2}\left(\frac{a}{h}\right)^2(1-\nu)q \tag{2.1}$$

このようにピエゾ抵抗型ダイアフラム圧力センサの出力電圧は，ピエゾ抵抗係数π_{44}，ダイアフラムの幅と厚さの比a/h，ダイアフラム構造材料のポアソン比ν，印加圧力qにより決定される。Siのピエゾ抵抗係数は印加圧力（応力）による比抵抗変化の大きさを決定し，結晶方位により変化する（これをピエゾ抵抗効果と呼ぶ。詳細は4.3.3項参照）。

2.4.2　静電型マイクロミラーデバイス

能動型のセンサ・マイクロマシンのデバイスであるマイクロアクチュエータの中でも，**静電型**はスケール効果が活かされたものの一つとして挙げることができる。マクロなアクチュエータでは，電磁場を用いた電磁モータや油圧や空圧を用いた圧力駆動アクチュエータが主流である。一方，静電引力はスケールが小さくなることにより有効になる駆動原理であり，厚さ数μm，直径100μmの静電モータが回転したときのインパクトは大きかった。1980年代後半のことである。先に図2.7において，対向する平板電極を用いた平行平板電極センサを説明した。さらに図2.10を用いて，サーボ型センサの中にマイクロアクチュエータが使われていたことを紹介した。このような静電型のマイクロアクチュエータの最も代表的な応用事例として，デジタルマイクロミラーデバイス（digital micromirror device，DMD）が挙げられる。DMDはDLP（digital light processing）と呼ばれるプロジェクタ用のディスプレイ技術の心臓部となるMEMSデバイスである。**図2.17**にDLP技術の要素デバイスDMDによる光のオン/オフ操作イメージを示している。さらに**図2.18**には，DMDデバイスの詳細がわかる図を掲載している。プロジェクタの中でたくさんのマイクロミラーが回転して光の反射方向をオン/オフ制御し，映像を構成するピクセルの一つひとつを実現している。個々のマイクロミラーは数十μm角と小さく，解像度800×600ピクセルのSVGAを実現する際には，48万個のマイクロミラーが共同作業をしていることになる。DMDの最上部にあるミラー面を支持する軸の土台となる**ヨーク**（yoke）**構造**はトーションバーの**ヒンジ**（hinge）で支

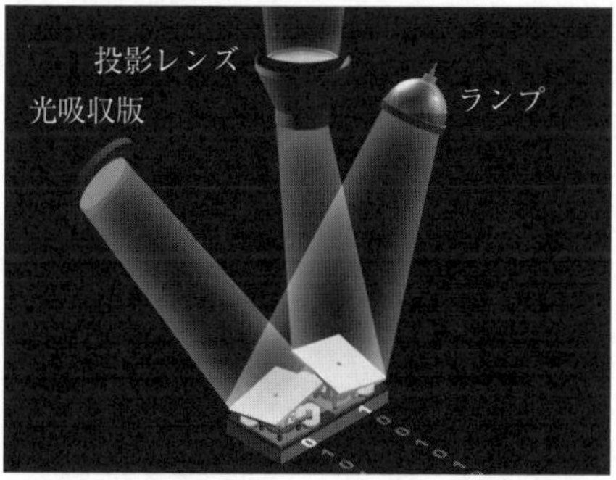

図2.17　DLP技術のためDMDによる光のオン/オフ操作イメージ[5]†

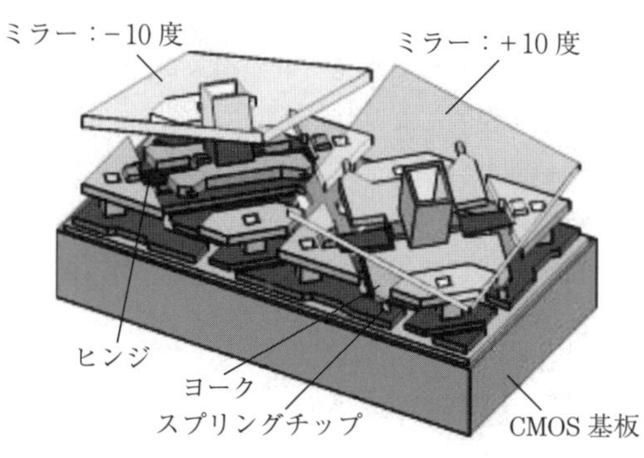

図2.18　DMDの静電型駆動動作[7]

† 肩付き数字は巻末の引用・参考文献を表す。

えられている。さらにその下に配置された二つの電極のうちの一つを選択し，ミラー面との間に電圧を印加すると静電引力が電極間に働き，トーションバーが捩れミラーが回転し選んだ電極側に傾く。もう片方の電極との間に電圧を印加すると，反対側に傾く。傾きはストッパー構造によって正確に制御され，オンオフのデジタル動作を実現している。

図 2.18 をみると，ミラーの下にある基板に CMOS 回路が集積化されていることがわかる。CMOS 回路は，デジタル回路での利用が多いトランジスタ回路の一種である。先に説明した 48 万個のマイクロミラーを動作させてピクセルアレイによる画像を表示するためには，個別の制御が必要になる。基板に集積化された回路は，個々のマイクロミラーを個別に駆動制御する役割を担っている。

DMD の駆動に用いられている静電力の理解には，静電場の理解が重要となる。詳細は 6 章で学ぶことになる。

演 習 問 題

【2.1】 自動車には多くのセンサ・マイクロマシンが使われている。どのようなセンサ・マイクロマシンが使われているか挙げなさい。

【2.2】 加速度センサの種類について 2 種以上挙げ，それぞれの原理について説明しなさい。

【2.3】 静電力はセンサ・マイクロマシンの世界では重要な動作原理の一つとなっている。一方でマクロな世界ではあまり利用がみられない。その理由についてスケール効果の観点から説明しなさい。

【2.4】 圧力センサの抵抗変化の信号処理に用いられるブリッジ回路について，その原理を説明しなさい。

3

物質を構成する結晶構造と原子

原子番号が異なる元素は異なる物性を有している。物質を形成する結晶そしてその構成要素である原子，物質の定義や物性に深く関わる原子内の電子の振舞いを理解することが重要となる。

ところで，物質を区別する際に，巨視的な観点からは色の違いを挙げることが多いのではないだろうか。実際に受賞メダルの色は金，銀，銅で異なる。またセンサ・マイクロマシンの重要材料である Si は光沢のある灰色という印象がある。これらの物質は，物質特有の波長域の光を吸収してエネルギーを得た電子がまた光を再放射するなどしており，その特性の違いが色の違いとなっていると考えられる。物質の色に物質内さらにはその原子内の電子のエネルギーが関係しているようである。物質を使いこなすには物質内を調べることが重要になる。

そこで本章では，物質の結晶構造を取り上げ，巨視的な観点からの物性と微視的な結晶構造との関係に目を向け，さらに結晶構造は原子の集合体であるという微視的な視点を深め，原子内の様子について話を進める。原子モデルの量子論に基づく分析を通して物質中の電子のエネルギー状態を把握し，結晶構造における電子のエネルギーバンド構造の理解につなげる。

元素が原子内の電子数（直接的には陽子数）に依存する原子番号で区別されていることから，原子内の電子状態は，材料の電子物性以外のさまざまな物性にも関わる話である。

3.1　原子の結合と結晶構造

半導体である Si は，トランジスタ回路の主要材料として研究開発が進められてきた。その Si を機械的な材料として着目して展開してきたのがセンサ・

マイクロマシン，MEMSの分野である。Siの優れた機械的特性については論文[7)]が発表されている。集積回路のための半導体材料がその微細加工技術とともにセンサ・マイクロマシンにも魅力的なものであることが広く知れ渡っていくことになる。Siの微細構造を腕時計の部品であるがんぎ車に用いた例を**図3.1**に示した。図（a）は製品となっている時計の外観であり，図（b）にはその内部構造を示している。右側がSi製のがんぎ車であり，Siをプラズマを用いたドライエッチング手法で微細加工している。このようにSiの優れた機械特性と微細加工性を活かすことにより，精巧な機械部品への適用も可能となっている。2章で紹介したインクジェットプリンタやプロジェクタ，圧力センサ等多くの製品においてセンサ・マイクロマシンの材料としてSiが用いられている。

（a）　　　　　　　（b）

図3.1　Siを部品（がんぎ車）に用いた腕時計
〔提供：セイコーエプソン株式会社〕

本章では，まず**結晶構造**について代表的なものを整理し，センサ・マイクロマシンの主要材料であるSiの結晶構造について着目する。つぎに結晶を構成する原子に焦点を当て，電子状態や電子配置に基づいて原子構造について述べる。エネルギー状態についても，センサ・マイクロマシンの主要材料であるSiに着目する。

図3.2にSi原子が近接原子とともに構成する正四面体構造の様子を示している。以下では，原子の結合集合体である結晶構造について述べることにする。

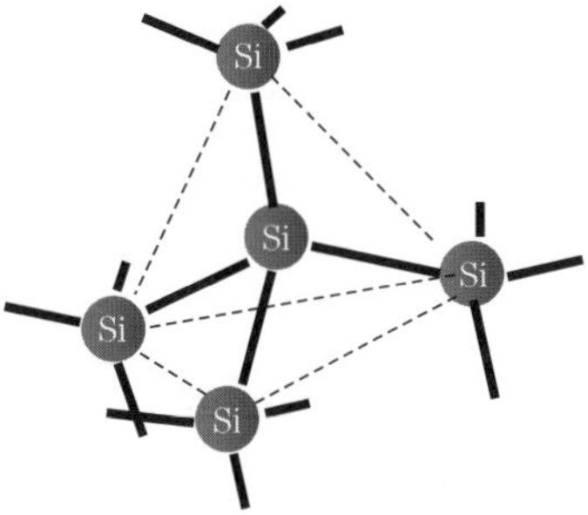

図 3.2　Si 原子の近接原子による正四面体構造

一般的に原子間結合には，一次的な結合として**イオン結合**，**金属結合**，**共有結合**等の種類がある。NaCl はイオン結合，Cu などの金属は金属結合，C（ダイヤモンド）などは共有結合により結晶を構成している。Si も共有結合による原子が結合している物質である。

このほかに，**ファン・デル・ワールス結合**や**水素結合**のような二次的な結合の関与が加わる。工業材料の中には，イオン結合と共有結合が関与するセラミックスのように混合結合による構成されているものも少なくない。

原子の結合の仕方は，物質の化学的，物理的，機械的，電気的な物性に大きく影響を与える。融点はその一つの例であり，イオン結合の NaCl は約 800 度，金属結合の Cu は 1 000 度程度，共有結合の Si は約 1 400 度，C（ダイヤモンド）では 3 500 度以上になる。結合エネルギーや最近接原子間距離等も重要な指標となる。

原子の結合の結果，結晶構造が形成されるが，本節で扱う単結晶構造だけでなく，多結晶，非晶質構造などもあり，多彩な物性が存在している。

非晶質物質は，結晶構造を持たないため，原子の充填率は一般に低く，密度や弾性率も低い。また**ガラス転移点**と呼ばれる温度で固体か液体状態に連続的に遷移することが知られている。

結晶構造として，代表的な**単純立方格子**，**面心立方格子**，**体心立方格子**の単位格子の図を**図 3.3** に示す。ここでは，格子定数が方位によらず等しい結晶構

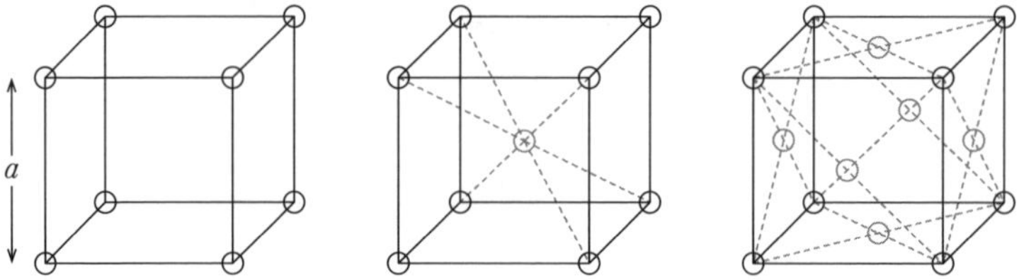

（a） 単純立方格子　（b） 面心方格子　（c） 体心立方格子

図 3.3　結晶構造の代表例

造を扱うことにする。単位格子の 1 辺の長さ a は格子定数の一つである。格子定数は六つあり，**稜**と呼ばれる 3 辺に加え，二つの稜がなす角が三つある。立方晶の場合は，三つの稜の値は等しい。本書では，a を**格子定数**と呼ぶことにする。

地球（地殻）における元素の存在割合について，多い元素で大凡 O:46%，Si:28%，Al:8%といわれており，Si は地球上に豊富に存在する材料の一つである。Si は主要な半導体材料であり，またセンサ・マイクロマシンの主たる材料でもある。Si は，共有結合により**図 3.4** に示すような**ダイヤモンド格子結晶構造**をしている。隣接する 4 個の原子が価電子を 1 個ずつ出し合って共有結合を作っている。ダイヤモンド格子は立方結晶系に属し，2 個の面心立方結晶を重ねた状態から，単位格子の対角線に沿って単位格子の 1 辺の長さの 1/4 ず

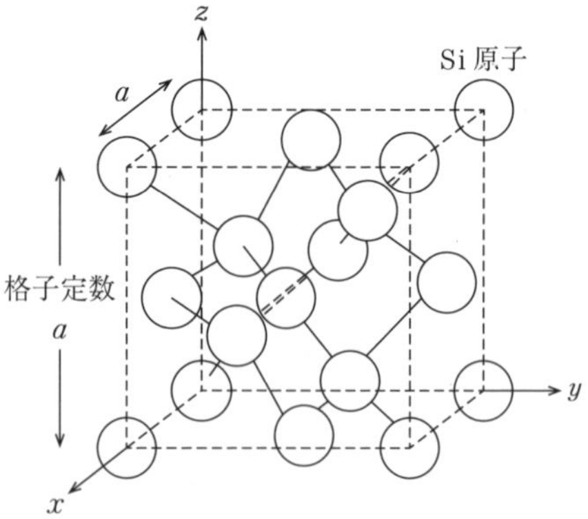

図 3.4　ダイヤモンド格子結晶構造

らした状態になっている。ダイヤモンド格子中の原子は，4個の最近接原子に囲まれており，図3.1に示したようにこれらの4個の最近接原子を頂点とする正四面体を定義することができる。ほかにGeや化合物半導体であるGaAs等が同様の結晶構造をとる。

3.2　結晶面とミラー指数

結晶構造においては，さまざまな結晶面を考えることができるが，おのおのの結晶面における原子と最近接する原子との原子間距離は異なり，物性にも影響する。したがって，結晶面の方位に依存して電気的物性，機械的物性も異なることが予想できる。

以下では，結晶面の方位について学ぶことにする。引き続き，格子定数が方位に依らず等しい結晶構造を扱うことにする。結晶面の定義には**ミラー指数**を用いる。ミラー指数とは，結晶面の法線方向を用いた定義である。下記の手順で結晶面のミラー指数を求める（**図3.5**）。

1)　単位格子に沿った適切な3軸（x軸，y軸，z軸）を選び，対象結晶面と座標軸の交点を求める。このとき交点の座標を単位格子の1辺の長さである格子定数aを用いて表すことが多い。ここではα，β，γを用いて各

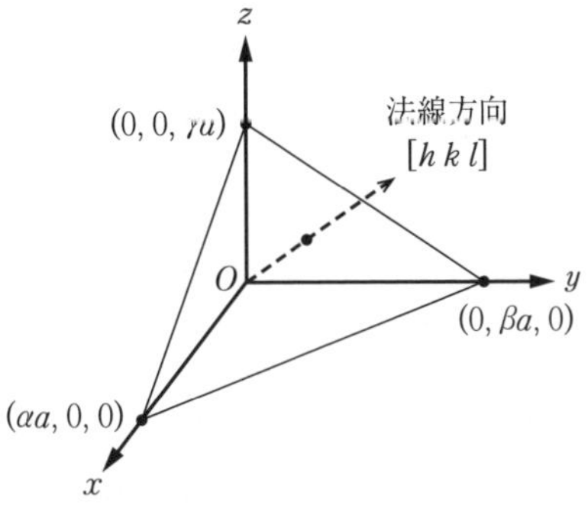

図3.5　結晶方位，結晶面のミラー指数表示

交点を $(\alpha a, 0, 0)$，$(0, \beta a, 0)$，$(0, 0, \gamma a)$ と表すことにする。

2）　1）で求めた三つの交点の逆数をとり，最小の整数比の組合せを求める。a が共通であるため，α，β，γ の逆数に対して最小の整数比を求めることになる。

3）　2）で求めた整数比を h，k，l とした場合，$(h\,k\,l)$ が得られる。

この $(h\,k\,l)$ が対象結晶面のミラー指数となる。ミラー指数 $(h\,k\,l)$ で定義される面は

$$hx + ky + lz = 1 \tag{3.1}$$

と表すことができ，3 点 $(1/h, 0, 0)$，$(0, 1/k, 0)$，$(0, 0, 1/l)$ を通る。ミラー指数を $(h\,k\,l)$ を用いて表すのに対し，対象結晶面の法線方向は $[h\,k\,l]$ を用いて表す。確認のため，ミラー指数 $(h\,k\,l)$ で定義される面が通る 3 点 $\mathrm{A}(1/h, 0, 0)$，$\mathrm{B}(0, 1/k, 0)$，$\mathrm{C}(0, 0, 1/l)$ を用いてベクトル $\overrightarrow{\mathrm{AB}}$ および $\overrightarrow{\mathrm{AC}}$ をつくる。

$$\overrightarrow{\mathrm{AB}} = \left(-\frac{1}{h},\ \frac{1}{k},\ 0\right) \tag{3.2}$$

$$\overrightarrow{\mathrm{AC}} = \left(-\frac{1}{h},\ 0,\ \frac{1}{l}\right) \tag{3.3}$$

このとき，点 A を通る法線ベクトルは，ベクトル $\overrightarrow{\mathrm{AB}}$ と $\overrightarrow{\mathrm{AC}}$ の外積で求めることができる。

$$\overrightarrow{\mathrm{AB}} \times \overrightarrow{\mathrm{AC}} = \left(\frac{1}{kl},\ \frac{1}{hl},\ \frac{1}{hk}\right) \tag{3.4}$$

この結果に hkl を掛けて得られるベクトル (h, k, l) は，上述の法線方向 $[h\,k\,l]$ と同じ方向のベクトルになっていることがわかる。

さらに結晶構造には，その対称性により等価な面や法線方向が存在する。等価な面をまとめて表現する際には，$\{h\,k\,l\}$ を用いる。また等価な法線方向を表す際には，$\langle h\,k\,l \rangle$ を用いる。

例として，$\{1\,0\,0\}$ は，$(1\,0\,0)$，$(0\,1\,0)$，$(0\,0\,1)$，$(\bar{1}\,0\,0)$，$(0\,\bar{1}\,0)$，$(0\,0\,\bar{1})$ をまとめて表している。また $\langle 1\,0\,0 \rangle$ は，$[1\,0\,0]$，$[0\,1\,0]$，$[0\,0\,1]$，$[\bar{1}\,0\,0]$，$[0\,\bar{1}\,0]$，$[0\,0\,\bar{1}]$ をまとめて表している。ここで，$(\bar{1}\,0\,0)$ や $[\bar{1}\,0\,0]$ のバーは，軸の負の

部分で交差する際の表現である。

つぎにマイクロマシンデバイスの基板材料として用いられる Si 基板を例に結晶方位と結晶面のミラー指数による表現を説明することにする。**図 3.6** のように，Si 基板は，直径が数インチから十数インチ（1 インチは約 25.4 mm）程度の円板形状をしているものが多く使われている。厚みは 1 mm 以下と薄い。結晶方位を示すために円板の周囲の一部を削って平坦な部分（フラット）が形成してあり，**オリエンテーションフラット**と呼ばれている。

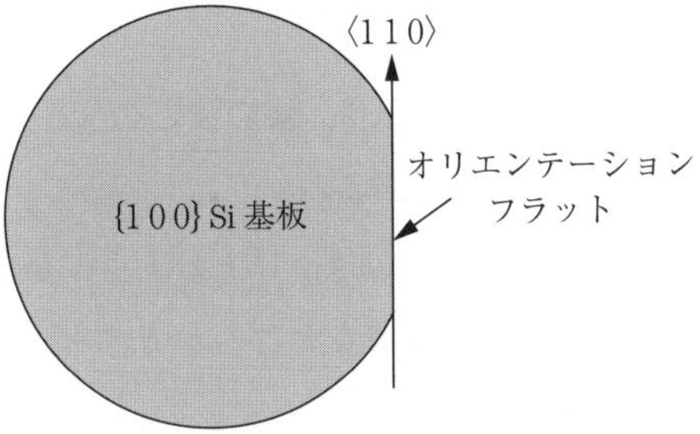

図 3.6　実際の Si 基板における結晶面方位の表示

3.3　X 線による結晶構造の観察

さて，Si のダイヤモンド格子結晶構造について，原子間距離は 5.43Å である。実際に結晶構造を調べる際には，X 線を用いる方法が一般的である。結晶を構成する原子間の距離は数 Å，すなわち数十 nm 程度あることから，波長が 400～700 nm 程度の可視光では計測が難しい。結晶構造の観察には，同程度の波長をもつ X 線が有用である。ここでは **X 線回折**（X-ray diffraction，**XRD**）について述べる。

X 線回折現象は，X 線を結晶に入射した際の結晶面による反射の問題として扱うことができる。**図 3.7** に示すように，いま X 線を面間隔 d の結晶面に角度 θ で入射させる。面間隔 d の結晶面における回折条件（**ブラッグの回折条件**）は以下のようになる。

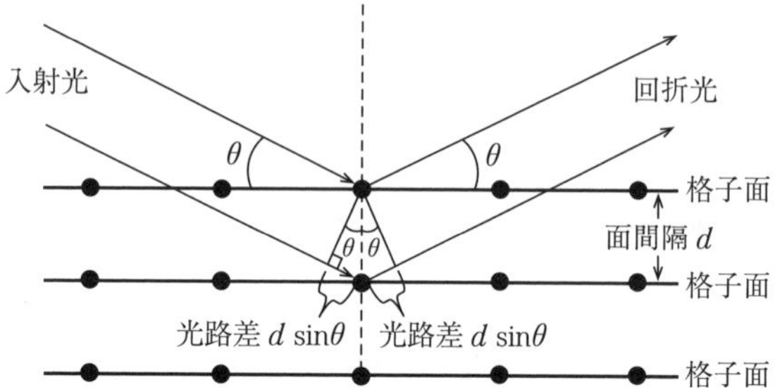

図3.7　X線回折による結晶構造解析（XRD計測）

$$2d\sin\theta = n\lambda \qquad (n=0,\ 1,\ 2,\ \cdots) \tag{3.5}$$

左辺が回折光の光路差 $2d\sin\theta$ であり，隣の波との光路差が，波長 λ の整数倍になる方向で波が強め合う条件である。

またミラー指数 $(h\ k\ l)$ の面間隔 d_{hkl} は，以下のように格子定数 a（単位格子の1辺の長さ）とミラー指数 $(h\ k\ l)$ で表すことができる。

$$d_{hkl} = \frac{a}{\sqrt{h^2 + k^2 + l^2}} \tag{3.6}$$

したがって，X線回折結果から面間隔 d が求まれば，格子定数 a を求めることができる。

3.4　物質（原子）内の電子状態と電子物性

物質の電子物性としてまず電気伝導性が挙げられる。電気抵抗率（Ω cm），電気伝導率（S/m）を用いて表現されるが，金属のような**導電体**の電気抵抗率が数 $\mu\Omega$ cm であるのに対し，ガラスのような**絶縁体**では 10GΩ cm 以上となる。そして Si のような**半導体**はこれらの間の電気伝導性をとる。

半導体には，**元素半導体**と呼ばれる1種類の元素よりなる**元素半導体**や2種類以上の元素の組合せからなる**化合物半導体**がある。Si や Ge は元素半導体の代表的な物質である。化合物半導体には，GaAS や GaN，GaP，InP，InAs，AlAs，InSb といったⅢ－Ⅴ族の組合せやⅣ－Ⅳ族 SiC，SiGe などが代表的である。

巨視的には，材料を用意して計測装置を用いて計測すれば確認できる物性であるが，この違いを原子モデルにおける電子のエネルギー状態からも理解することは重要である。**図 3.8** は導電体，絶縁体，半導体を分類する上で重要な手段となる物質の**エネルギーバンド構造**（3.7 節参照）を示している。

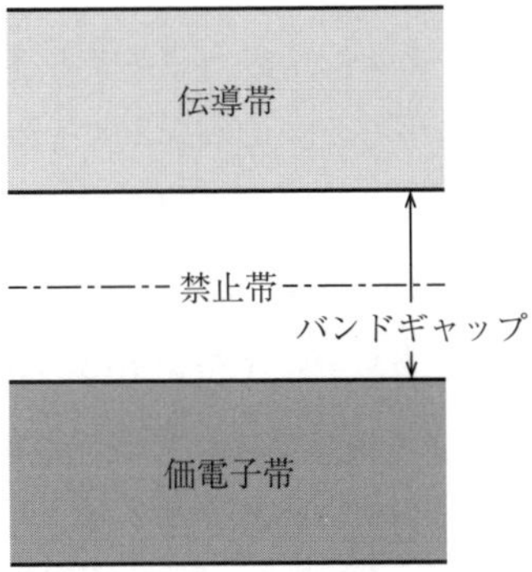

図 3.8　エネルギーバンド構造

電子や正孔が存在可能な**伝導帯**（conduction band），**価電子帯**（valence band）が**禁止帯**（forbidden band，**禁制帯**とも呼ばれる）を挟んで存在している。禁止帯の大きさを**バンドギャップ**（または**バンドギャップエネルギー**）と呼んでいる。エネルギーバンド構造は，Si のような半導体の電子物性の理解，さらには半導体電子物性を用いた電子デバイスの機能設計において重要になる。大きさ 10^{-10} m 程度の原子内には，電子が存在できるエネルギーの領域（バンド）がとびとびにあり，領域内の電子の存在状態やバンド間のギャップの大きさの違いによって電子の動きやすさが異なり，電気伝導性に違いが出るということをまずは知っておきたい。近接原子の原子間距離（格子定数）も，バンドギャップの存在に深く関わっている。このような結晶中の原子のエネルギーバンド構造を理解することがここでの重要なテーマとなる。

物質のエネルギーバンド構造の重要性は，電気伝導性の話だけにとどまらない。先に物質の巨視的な分類方法として色を取り上げた。連続的な電子の取り得るエネルギー準位が存在する金属と異なり，半導体はエネルギーのバンドバップが存在し，半導体における光と電子のエネルギーのやりとりもバンドギャップと深い関係がある。光も含め電磁波の波長 λ とエネルギー E の関係は，プランク定数 h, 光の速さ c で以下のように表される。ν は光の振動数である。

$$E = h\nu = \frac{hc}{\lambda} \tag{3.7}$$

可視光の最も高いエネルギーである紫色の波長は約 400 nm であり，逆に最も低いエネルギーの赤色は約 700 nm である。これらはエネルギーにしてそれぞれ，約 3.0 eV および約 1.7 eV に相当する。Si のバンドギャップエネルギーは約 1.1 eV であることから，赤色のエネルギーよりも低く，可視光をすべて吸収してしまうことになる。しかしながら Si が光沢のある灰色をしているのは，光の再放射の寄与があるためである。一方，ダイヤモンドのバンドギャップエネルギーは 6 eV 程度であるため，紫色よりも大きく，可視光は吸収されない。このようにバンドギャップエネルギーは物質の物性に深く関与している。

さて Si のような半導体は，不純物を導入して電気伝導を調整することができる。不純物を含まない半導体は**真性半導体**と呼ばれ，不純物を導入した半導体は**不純物半導体**と呼ばれている。**図 3.9** は，不純物半導体をつくるための真性半導体への不純物導入過程を示している。

不純物には，半導体中のそれぞれ電子密度を大きくする n 型と正孔密度を大きくする p 型に分類される。価電子が 4 個の Si の場合，電子密度を大きくして n 型半導体にするためには P（リン）原子のように価電子が 5 個の原子を添加する。P 原子の価電子のうち 4 個は Si との共有結合に使われるが，1 個の電子が余ることになる。この電子はわずかなエネルギーで伝導電子になることができる。一方，B（ボロン）原子のように価電子が Si より 1 個少ない 3 個の原子を Si 結晶に不純物として添加すると，Si 原子との共有結合に電子が不足する。この不足した分が正孔として Si 結晶内を移動することによって正孔による電気伝導が可能となる。これらの電子や正孔は**キャリヤ**と呼ばれ，**n 型半導体**では電子が多数キャリヤ（正孔が少数キャリヤ），**p 型半導体**ではその逆

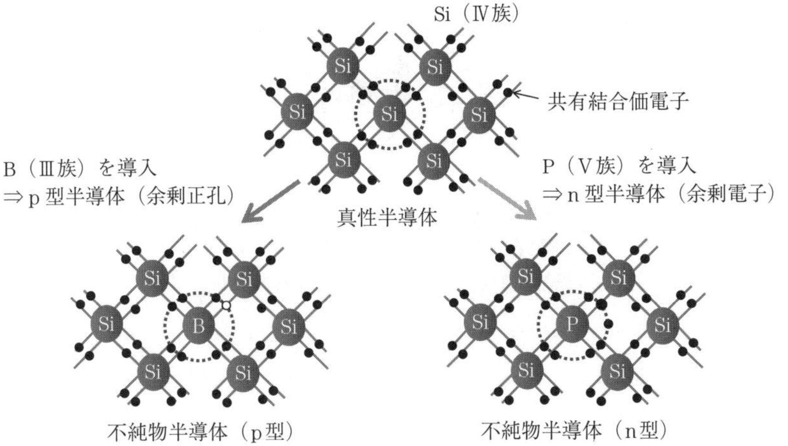

図3.9　真性半導体（Si）への不純物導入によるp型/n型半導体の生成

となる。

Siへの不純物導入は，Siの電気的な物性制御技術だけでなく，微細加工技術にも利用されている。p型半導体において不純物としてボロンを添加（ドープ）する際に，高濃度にドープするとアルカリ水溶液特に水酸化カリウム（KOH）水溶液によるSiのウェットエッチングの速度に影響が出る。KOH水溶液によるSiのエッチングは，センサ・マイクロマシンの微細加工技術としてよく用いられるが，高濃度ボロンドープSi層はエッチング速度が顕著に減少するため，エッチングストップ技術として用いられる。

図3.10は，p型半導体とn型半導体を組み合わせて接合した場合に形成されるエネルギーの段差の様子をエネルギーバンド構造によって表現している。この構造は半導体デバイスの学習で最初に学ぶことの多い半導体ダイオードの構造である。異種のエネルギー構造の異なる物質を組み合わせると（異種の物質の接合を**ヘテロ接合**と呼ぶ），その接触，接合部ではエネルギー構造の変化が発生する。このようなエネルギーの構造を理解し，電子の振る舞いを制御することができれば，さまざまな物質の組合せによる機能創出が可能となる。

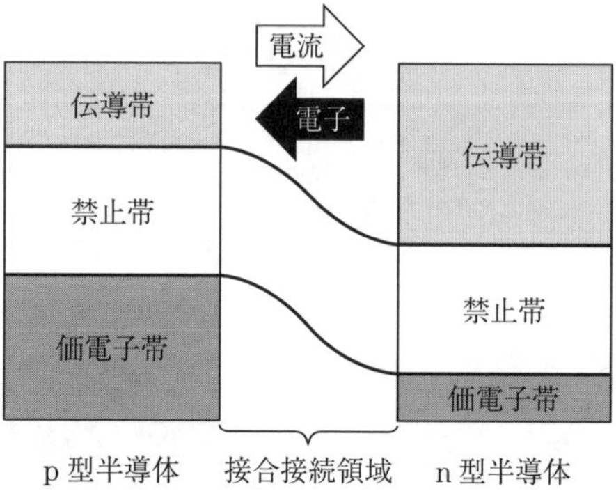

図 3.10　pn 接合ダイオードのエネルギーバンド構造表現

3.5　原子内の電子状態

さて，つぎに結晶構造を構成する原子自体を微視的な視点でとらえていくことにする。原子モデルを足掛かりとして結晶構造における電子物性について学びを進めていくことにする。具体的には，原子モデルの量子論に基づく理解を通して原子内の電子のエネルギー状態を把握し，結晶構造における電子のエネルギー状態の理解につなげる。

ここで学ぶ内容は，ベルギーのブリュッセルで開かれた国際ソルベー物理学会議の参加者が重要な役割を果たしている。特に 1927 年の第 5 回大会が量子力学とも関連が深く，ボーア，ハイゼンベルク，ド・ブロイ，パウリ，ブラッグ，プランク，シュレディンガー，アインシュタインのほか，ラングミュア，キュリーなど錚々《そうそう》たる顔ぶれである（**図 3.11**）。偉人達が一堂に会する現場に居合わせて実際にこの様子を見てみたいものである。この会議の主題は「電子と光子」であり，高名な物理学者が定式化されたばかりの量子力学について議論を交わしたといわれている。ハイゼンベルクの著書「部分と全体」等からも当時の様子が覗える。

（後列左から）6 番目 シュレディンガー，8 番目 パウリ，
9 番目 ハイゼンベルク，
（中央左から）3 番目 ブラッグ，7 番目 ド・ブロイ，
9 番目 ボーア，
（前列左から）1 番目 ラングミュア，2 番目 プランク，
3 番目 キュリー，5 番目 アインシュタイン

図 3.11　第 5 回ソルベー会議

元素には**元素周期表**において原子番号が割り振られて区別されている（**表 3.1**）。原子番号は原子核中の陽子の数であり，電子の数に等しく，各元素に固有である。中性子数は質量数（原子量にほぼ等しいとみなせる）から陽子数を引いたものである。したがって，原子番号と等しい数の電子が原子内には存在していることになる。

表 3.1　元素周期表

$_{1}$H																	$_{2}$He
$_{3}$Li	$_{4}$Be											$_{5}$B	$_{6}$C	$_{7}$N	$_{8}$O	$_{9}$F	$_{10}$Ne
$_{11}$Na	$_{12}$Mg											$_{13}$Al	$_{14}$Si	$_{15}$P	$_{16}$S	$_{17}$Cl	$_{18}$Ar
$_{19}$K	$_{20}$Ca	Sc	Ti	V	Cr	Mn	$_{26}$Fe	Co	Ni	Cu	Zn	$_{31}$Ga	Ge	$_{33}$As	Se	Br	Kr
Rb	Sr	Y	Zr	Nb	Mo	Tc	Ru	Rh	Pd	Ag	Cd	In	Sn	Sb	Te	I	Xe
Cs	Ba		Hf	Ta	W	Re	Os	Ir	Pt	$_{79}$Au	Hg	Tl	Pb	Bi	Po	At	Rn
Fr	Ra																

巨視的な物性の主だったものとして重さや色などがある。重さは質量数（陽子数と中性子数の和）に依存するが，陽子数は電子数と等しいことを考えると，重さと電子数の関係がつながる。色は電磁波の一種である光が照射された際の電子状態，挙動が密接に関わっている。このように物質の一般的な特性に電子の存在が深く関わっていることがわかる。

大きさ 10^{-10} m 程度の原子内において陽子の存在により正の電荷をもつ原子核は質量が大きく空間に静止しているとみなせる。いま簡単のため陽子 1 個，電子 1 個をもつ水素原子について，**ボーア**が提案した原子モデルを用いて考える。水素原子は**図 3.12** に示すように，陽子 1 個からなる原子核の周囲を電子 1 個が円軌道を描いて回転運動する状態を想定してみることにする。

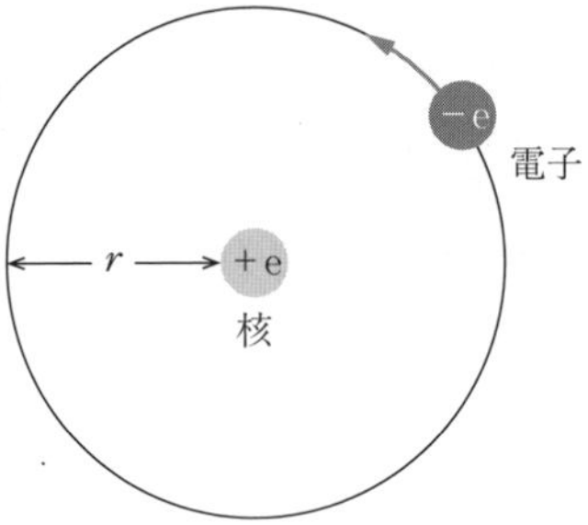

図 3.12　原子モデル（原子番号 1 の水素原子の場合）

いま，この円運動の半径を r，原子核の電荷を Zq として一般化する。Z は原子番号（= 陽子数 = 電子数）であり，q は電子の電荷量である。水素の場合，Z は 1 である。以下，ε_0，m および v をそれぞれ真空中の誘電率，電子の質量，電子の速度とする。

原子核の周囲を円運動する電子は，原子核との間に働くクーロン力 F_e と円運動に伴う遠心力 F_c が働き釣り合っている。

$$F_e = \frac{1}{4\pi\varepsilon_0}\frac{Zq^2}{r^2} \tag{3.8}$$

$$F_c = \frac{mv^2}{r} \tag{3.9}$$

$$F_e = F_c \tag{3.10}$$

一方，電子の全エネルギーは，電子の運動エネルギーと電子と原子核の間に働く静電的なポテンシャルエネルギーの和であるから，以下の式で表すことができる。

$$E = \frac{1}{2}mv^2 - \frac{1}{4\pi\varepsilon_0}\frac{Zq^2}{r} \tag{3.11}$$

式 (3.10) の関係を用いて

$$\frac{1}{2}mv^2 = \frac{1}{8\pi\varepsilon_0}\frac{Zq^2}{r} \tag{3.12}$$

となることから

$$E = -\frac{1}{8\pi\varepsilon_0}\frac{Zq^2}{r} \tag{3.13}$$

と求まる。この結果から電子のエネルギーは，原子核に近い，すなわち円運動半径 r が小さいほど，エネルギーが低いことがわかる。

ボーアはさらに**発光スペクトル**の系列の存在を背景に，つぎのような仮説（**量子条件**）を立てた。

「電子の円運動は $h/2\pi$ の整数倍の角運動量を持つような，とびとびの円軌道上に限られる」

ボーアによる量子条件はつぎのように式で表現できる。ここに h は**プランク定数** ($=6.626\,18 \times 10^{-34}$ J·s)，n は**量子数**と呼ばれる 1 以上の整数である。

$$mvr_n = -\frac{nh}{2\pi} \qquad (n \geqq 1 \text{ の整数}) \tag{3.14}$$

この仮説は電子のエネルギー遷移と発光スペクトルの関係から立てられたものであるが，以下のようにも説明できる。

半径 r の円周長は $2\pi r$ であり，この円周に存在できる定常波（定在波，**図 3.13**）を考えると定常波（定在波）の波長 λ を用いて以下の量子条件の関係が成立する。

$$2\pi r_n = n\lambda \tag{3.15}$$

これは，物質波である電子波が定常波（定在波）であるための条件といえ

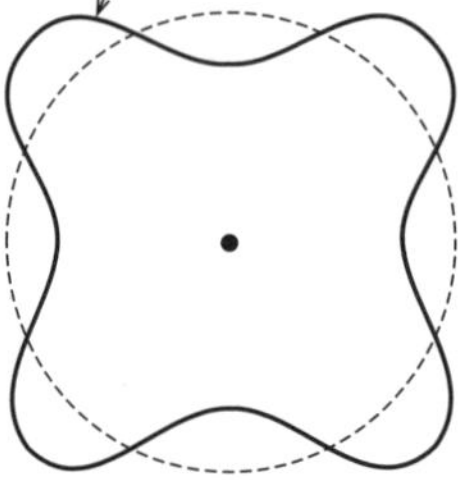

図 3.13　電子の軌道イメージ

る。両端を固定した弦の固有振動と同様に考えることができる。

量子力学では，粒子性および波動性の両観点から物理量を扱い，関係づける。ド・ブロイにより物質粒子のもつ物質波（**ド・ブロイ波**）に関する関係式が示されている。代表的な例として，光の粒子的側面である光子と波動的側面である光波の関係を取り上げる。光に関して，粒としての振る舞いの運動量 p と波としての振る舞いの波長 λ をプランク定数 h を用いて以下のように関係づけられることが示されている。

$$p=\frac{h}{\lambda} \tag{3.16}$$

アインシュタインによるプランク定数とエネルギーの関係は

$$E=h\nu \tag{3.17}$$

である。

いま，電子についても粒子性とともに波動性を有していることを仮定した場合，速度 v で周回する質量 m の電子の運動量 p は $p=mv$ で表すことができ，式 (3.16) より

$$mv=\frac{h}{\lambda} \tag{3.18}$$

量子条件 $2\pi r_n=n\lambda$ および $mv=h/\lambda$ から λ を消去すると

$$mvr_n=\frac{nh}{2\pi} \qquad (n \geqq 1 \text{ の整数}) \tag{3.19}$$

となり，ボーアの仮説に基づく量子条件が導かれる。

いま，計算の過程で λ を消去したが，この λ は電子が波動性をもつ場合の

波長という重要な意味をもつので，ここに明示しておく。

$$\lambda=\frac{h}{p}=\frac{h}{mv} \tag{3.20}$$

さて，すでに求めた電子の周回円運動の半径 r とエネルギー E について，量子条件を適用してみよう。

$F_e=F_c$ より電子の速度 v を r について解き，量子条件を導入すると

$$r_n=-\frac{\varepsilon_0 h^2}{\pi m Z q^2}n^2 \qquad (n \geqq 1 \text{の整数}) \tag{3.21}$$

周回軌道半径は n^2 に比例する結果となる。この結果，n が増えていくに従い，原子核に近い方から外側の軌道へと対応していくようになっていることがわかる。さらに各軌道の電子の全エネルギーも n を用いて表すことができる。

$$E_n=-\frac{1}{8\pi\varepsilon_0}\frac{Zq^2}{r_n}=-\frac{Z^2 m q^4}{8{\varepsilon_0}^2 h^2}\frac{1}{n^2} \tag{3.22}$$

全エネルギーは n^2 に反比例する。したがって，原子内を周回する電子の軌道半径，全エネルギーはとびとびの値をとることがわかる。このエネルギーの値は，**エネルギー準位**と呼ばれている。

原子番号 1 の水素の場合は，$Z=1$ であり，$n=1$ となるため，エネルギーは最小となり，**基底状態**と呼んでいる。エネルギー準位は，負の値をとり，n が ∞ に近づくと，理論上最大値 0 に近づくことになる。

3.6 電子状態と波動方程式

ここまで，ボーアやド・ブロイの量子条件を用いて電子の粒子性と波動性から原子内の電子状態，運動の様子をみてきた。この後に，電子の波動性を表す**シュレディンガーの波動方程式**が示され，さらに理論の確立が進んでいる。この理論を用いると，物質中の電子状態が解ける。すなわち，電子の挙動を表す**波動関数** ψ と電子の取るエネルギー E がわかるのである。

シュレディンガー方程式については，演算子**ハミルトニアン** H を用いると，波動関数 ψ，エネルギー E の関係を以下の形式で表すことができる。

$$H\psi = E\psi \tag{3.23}$$

この式をみると，波動関数 ψ に対して演算子 H の作用は定数 E を掛けることと等価であることがわかる。したがって，E を H の固有値，ψ を H の固有関数とする固有方程式としてとらえることができる。演算子 H を用いると波動関数 ψ とエネルギー E が求まり，波としての電子の状態が解ける。抽象的かもしれないが，電子状態を説明する上で大変有用な演算子 H に着目し，シュレディンガー波動方程式をもう少しみていくことにする。

一般にシュレディンガー波動方程式を扱う際に，時間に依存する/時間に依存しないの条件が付され，説明がなされる。ここに，時間に依存しない条件では，ある時刻 t の状態を固定してとらえており，エネルギー E は特定の値をとる。一方，時刻 t で固定した状態以降の経時的変化をとらえる場合には時間に依存する条件を設定して解析することになる。

以下，順に説明していくことにする。

3.6.1　時間に依存しない波動方程式

物質内の3次元空間に対応するには3次元の設定が必要であるが，簡単のため x 軸上の1次元を設定し，時間に依存しない定常状態について話を進めることにする。

上述のハミルトニアン H の1次元のシュレディンガー波動方程式は以下のようになる。$U(x)$ は位置 x におけるポテンシャルエネルギーである。

$$\left\{\frac{-\hbar^2}{2m}\frac{d^2}{dx^2} + U(x)\right\}\psi(x) = E\psi(x) \tag{3.24}$$

ただし

$$\hbar = \frac{h}{2\pi} \tag{3.25}$$

である。

さて，この波動方程式について説明していくことにする。ここでは時間に依存しない定常状態を仮定した。これはどういうことなのかについてもう少し触れておく。先に，物質波である電子波が定常波（定在波）であるための条件としてボーアの量子条件を示した。両端固定の弦の振動との類似性についても触れたが，このような定常波は時間とともに移動することはなく，位置 x に依存する。節と腹の位置が固定されているわけである。

そこで，**時間に依存しない波動方程式**が与える波動関数 ψ を定常波として設定して解くことにする。波動関数 $\psi(x)$ を以下のように仮定する。ここに A は波の振幅，λ は波長，x は位置である。

$$\psi(x) = A\exp\left(i\frac{2\pi}{\lambda}x\right) \tag{3.26}$$

x について 2 回微分を施すと

$$\frac{d^2\psi(x)}{dx^2} = -A\left(\frac{2\pi}{\lambda}\right)^2\exp\left(i\frac{2\pi}{\lambda}x\right) \tag{3.27}$$

であるから，$p = h/\lambda$ より

$$\frac{d^2\psi(x)}{dx^2} = -\left(\frac{2\pi}{\lambda}\right)^2\psi(x) = -\left(\frac{2\pi h}{p}\right)^2\psi(x) \tag{3.28}$$

となる。いま，全エネルギー E が運動エネルギーとポテンシャル（位置）エネルギーの和であることから

$$E = \frac{mv^2}{2} + U(x) \tag{3.29}$$

であり，$p = mv$ より

$$p^2 = 2m\{E - U(x)\} \tag{3.30}$$

となる。したがって $d^2\psi(x)/dx^2$ は以下のように変形することができる。

$$\frac{d^2\psi(x)}{dx^2} = \frac{-2m}{\hbar^2}\{E - U(x)\}\psi(x) \tag{3.31}$$

$$\therefore\quad \left\{\frac{-\hbar^2}{2m}\frac{d^2}{dx^2} + U(x)\right\}\psi(x) = E\psi(x) \tag{3.32}$$

これは，先に示した時間に依存しないシュレディンガー波動方程式にほかならない。さらに $\hbar$ を h で書き換えると以下の表現になる。

$$\left\{\frac{-\hbar^2}{8\pi^2 m}\frac{d^2}{dx^2} + U(x)\right\}\psi(x) = E\psi(x) \tag{3.33}$$

この式が E を H の固有値，ψ を H の固有関数とする固有方程式

$$H\psi = E\psi \tag{3.23 再掲}$$

の正体となる。演算子 H を用いると波動関数 ψ とエネルギー E が求まり，波としての電子の状態が解ける有用な関係があることは述べた。

求めた波動関数は一次元の方程式であるが，物質内の三次元空間に対応する拡張が可能である。d^2/dx^2 を

$$\nabla^2 = \left(\frac{\partial^2}{\partial x^2} + \frac{\partial^2}{\partial y^2} + \frac{\partial^2}{\partial z^2}\right) \tag{3.34}$$

とすることにより三次元にも対応する波動方程式になる。

3.6.2　時間に依存する波動方程式

つぎに，ある時刻を基準とした時間経過に伴う状態を把握するために，**時間に依存する波動方程式**が与える波動関数 ψ を一次元空間について考える。波の移動速度を v とすると波動関数 ψ は，時刻 t 経過後にはその位置を vt だけ移動するので，以下のように表すことができる。

$$\psi(x, t) = A\exp\left\{i\frac{2\pi}{\lambda}(x - vt)\right\} \tag{3.35}$$

ここに A は波の振幅，λ は波長，x は位置，T は周期，振動数 ν，ω は角振動数であり，以下の関係が成り立っている。

$$\nu = \frac{1}{T} = \frac{\omega}{2\pi} \tag{3.36}$$

いま

$$v = \nu\lambda = \frac{\lambda}{T} = \frac{\omega\lambda}{2\pi} \tag{3.37}$$

であるから

$$\begin{aligned}\psi(x, t) &= A\exp\left\{i\left(\frac{2\pi}{\lambda}x - 2\pi\nu t\right)\right\} = A\exp\left\{i\left(\frac{2\pi}{\lambda}x - \frac{2\pi}{T}t\right)\right\}\\ &= A\exp\{i(kx - \omega t)\}\end{aligned} \tag{3.38}$$

最後の形式は，波動関数 $\psi(x, t)$ を波数 $k = 2\pi/\lambda$ と角振動数 ω で表してい

る。角振動数 $\omega=2\pi/T$ は時間的な周期性を表しているのに対して，波数 k は空間的な周期性の意味を持っている。波動関数 $\psi(x,t)$ は位置 x と時間 t に依存するが，先の時間に依存しない波動方程式から求めた以下の波動関数 $\psi(x)$ は波動関数 $\psi(x,t)$ の時刻 $t=0$ の波の形として理解できる。

$$\psi(x)=A\exp\left(i\frac{2\pi}{\lambda}x\right) \tag{3.26 再掲}$$

さて，$\psi(x,t)$ は変数分離することができて

$$\begin{aligned}\psi(x,t)&=A\exp\left\{i\left(\frac{2\pi}{\lambda}x-2\pi\nu t\right)\right\}\\&=A\exp\left(i\frac{2\pi}{\lambda}x\right)\times\exp(-2\pi i\nu t)\end{aligned} \tag{3.39}$$

まず，$\psi(x,t)$ を t について 1 回偏微分すると

$$\begin{aligned}\frac{\partial\psi(x,t)}{\partial t}&=-iA(2\pi\nu)\exp\left(i\frac{2\pi}{\lambda}x\right)\times\exp(-2\pi i\nu t)\\&=-i(2\pi\nu)\psi(x,t)\end{aligned} \tag{3.40}$$

いま $E=h\nu$ より

$$\frac{\partial\psi(x,t)}{\partial t}=-i(2\pi\nu)\psi(x,t)=-\frac{iE}{\hbar}\psi(x,t) \tag{3.41}$$

$$\therefore\quad i\hbar\frac{\partial\psi(x,t)}{\partial t}=E\psi(x,t) \tag{3.42}$$

得られた結果により，波動関数 $\psi(x,t)$ を時間微分することができればエネルギー E を求めることができる。

一方，$\psi(x,t)$ を x について 2 回偏微分を施し，$p^2=2m\{E-U(x)\}$ であることを用いると

$$\begin{aligned}\frac{\partial^2\psi(x,t)}{\partial x^2}&=A\left(\frac{2\pi}{\lambda}\right)^2\exp\left(i\frac{2\pi}{\lambda}x\right)\times\exp(-2\pi i\nu t)=\left(\frac{2\pi}{\lambda}\right)^2\psi(x,t)\\&=\left(\frac{2\pi h}{p}\right)^2\psi(x,t)=-\frac{2m}{\hbar^2}\{E-U(x)\}\psi(x,t)\end{aligned} \tag{3.43}$$

$$\therefore\quad E\psi(x,t)=\left\{-\frac{\hbar^2}{2m}\frac{\partial^2}{\partial x^2}+U(x)\right\}\psi(x,t) \tag{3.44}$$

以上より，式 (3.42) および式 (3.44) から式 (3.45) を導くことができ，時

間に依存するシュレディンガー波動方程式としてよく知られている。

$$i\hbar\frac{\partial\psi(x,t)}{\partial t}=\left\{-\frac{\hbar^2}{2m}\frac{\partial^2}{\partial x^2}+U(x)\right\}\psi(x,t) \tag{3.45}$$

3.7 電子の波動性とエネルギーバンド構造

電子の波動性の理解に基づき，原子内の電子のエネルギー状態について話を進めていくことにする。

先に説明した波動方程式を用いて $E(k)$ を求める。定常状態における一次元の時間に依存しないシュレディンガー波動方程式を用いる。

$$\left\{\frac{-h^2}{8\pi^2 m}\frac{d^2}{dx^2}+U(x)\right\}\psi(x)=E\psi(x) \qquad \text{(3.33 再掲)}$$

位置 x におけるポテンシャルエネルギー $U(x)=0$ としてシュレディンガー方程式を解き，解となる

$$\psi(x)=A\exp\left(i\frac{2\pi}{\lambda}x\right) \qquad \text{(3.26 再掲)}$$

をシュレディンガー波動方程式に代入すると，以下のように E が求まる。

$$E(k)=\frac{(\hbar k)^2}{2m}=\frac{\hbar^2}{2m}k^2 \tag{3.46}$$

この結果から，エネルギー $E(k)$ は k^2 に比例し，波数 k の放物線となることがわかる。**図 3.14** に ***E*-*k*** **曲線**のイメージを示してある。

一方，ド・ブロイにより，物質粒子のもつ波（物質波）の波長 λ は

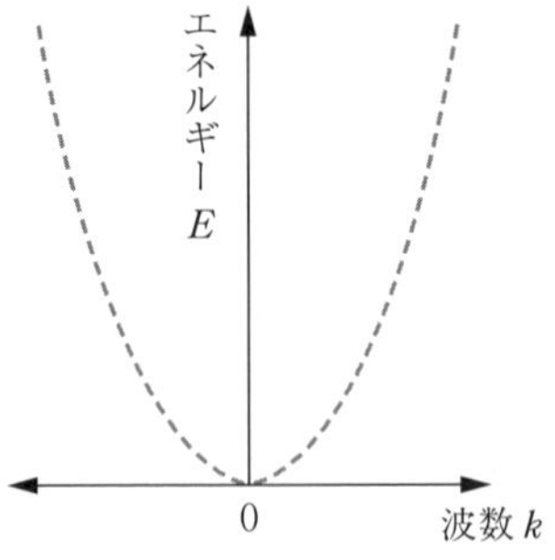

図 3.14　エネルギーと波数の関係（E-k 曲線）

$$\lambda = \frac{h}{p} \tag{3.47}$$

と表すことができることがわかっている。運動量 p は，波数 $k=2\pi/\lambda$ を用いて

$$p = \frac{h}{\lambda} = \frac{hk}{2\pi} = \hbar k \tag{3.48}$$

と表すことができる。このときエネルギー E は以下のように p で表すことができる。

$$E = \frac{mv^2}{2} + U(x) = \frac{p^2}{2m} + U(x) \tag{3.49}$$

さらに $U(x)$ を 0 とすると以下のように E が求まり，先に求めた結果と同じ結果が得られる。

$$E = \frac{p^2}{2m} = \frac{(\hbar k)^2}{2m} = \frac{\hbar^2}{2m}k^2 \tag{3.50}$$

ここで少し 4 章で扱うことになる原子により構成される結晶構造における状態について踏み込んで述べておくことにする。結晶構造では，E-k 曲線は途切れる。原子が結晶構造を構成するとき，隣接原子の間隔（格子定数）a で周期構造を形成している。結晶中の原子の電子の波は，互いに干渉し合い，ある条件（場所）では入射波と反射波が打ち消し合う現象が起こる。ブラッグの回折条件において入射波が反転する条件は θ が 90 度のときであり，原子間隔を用いて以下のように表される。

$$n\lambda = 2a \sin 90° \tag{3.51}$$

このとき

$$\frac{\lambda}{2} \times n = a \qquad (n \text{ は整数}) \tag{3.52}$$

を満たし，負の場合も同様に扱うことができることを考慮すると k はつぎのようになる。

$$k = \pm \frac{\pi}{a} \times n \tag{3.53}$$

したがって，この k の付近で E-k 曲線は途切れて不連続になり，電子がと

りえないエネルギー $E(k)$ の領域ができてしまう。**図 3.15** にイメージを示してある。この領域を禁止帯（禁制帯），途切れた領域のエネルギー差をバンドギャップ（またはバンドギャップエネルギー）と呼んでいる。また上下の禁止帯で挟まれた領域は電子が連続的に存在可能であり，この領域を**エネルギーバンド**，あるいは**ブリルアンゾーン**と呼んでいる。特に，最もエネルギーが低い $k=0$ の原点を含むエネルギーバンドを**第一ブリルアンゾーン**と呼んでいる。

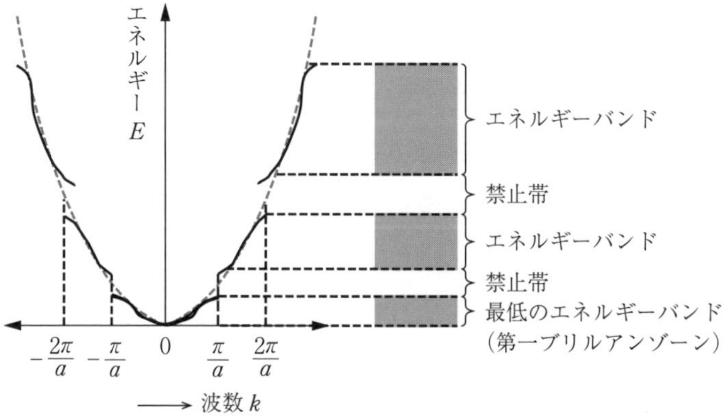

図 3.15　実際の E-k 曲線

波数 k に対するエネルギーを表す E-k 曲線については，定義域の波数 k の領域を限られた範囲（$-\pi/a \leqq k \leqq \pi/a$）に還元した形で表現する還元表示が可能である。**図 3.16** に E-k 曲線の還元表示を示す。$2\pi n/a(n=\pm 1, \pm 2, \cdots)$ だけ平行移動してもエネルギーの関数の値は同じであることを利用している。波数 k が 0 のとき，運動量 $p=\hbar k$ は 0 であり，この点を **Γ 点**と呼んでいる。最外殻付近の伝導帯と禁止帯を挟んでその下にある価電子帯を E-k 曲線で還元表示するとそれぞれ下に凸/上に凸の放物線の形をしている。さらに次元を拡張することにより，三次元的な情報を含んだエネルギーバンド図を作成することができる。$k=0$ となる中心の Γ 点以外に，K 点，L 点，X 点などのエネルギーが示される。場とのやりとりで光からエネルギーを得た電子が価電子帯から伝導帯に遷移する，もしくは電子が伝導帯から価電子帯に遷移して光を発するといったバンド間遷移を考える場合重要となる。

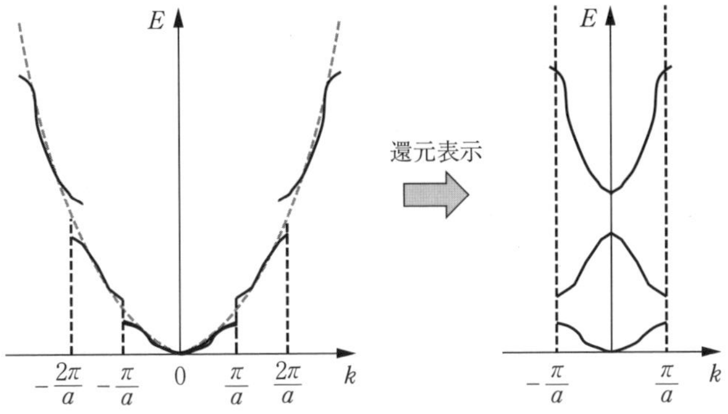

図 3.16　E-k 曲線の還元表示

図 3.17 に示すように遷移には**直接遷移**と**間接遷移**がある。化合物半導体の GaAs では，価電子帯放物線頂部と伝導帯底部の波数 k が一致している。一方で，Si では伝導帯の底は価電子帯頂部がある波数 k が 0 の Γ 点に位置していないため遷移において k が一致しない。このことから，GaAs のような半導体を**直接遷移型半導体**，Si のような半導体を**間接遷移型半導体**と呼んでいる。

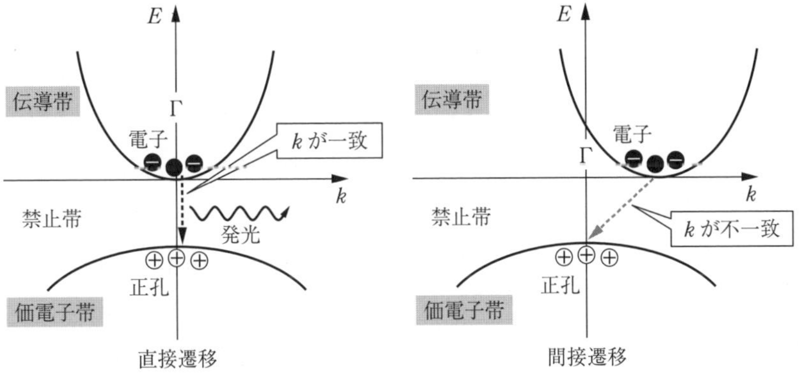

図 3.17　直接遷移型半導体と間接遷移型半導体の E-k 曲線

さて，ここで導出した E-k 曲線をもとに，図 3.9 で紹介したエネルギーバンド構造，禁止帯の大きさであるバンドギャップエネルギーと物質の電気伝導性について再び確かめておくことにする。

図 3.18 はエネルギー準位に着目して図 3.15 左側の図の横軸を無次元化して右側の図のように実空間表示したものとみなせる。図 3.8 も同様であった。エネルギーバンドには，**価電子帯**，**伝導帯**がある。電子が占有している価電子帯に対して，伝導帯は電子が存在しないか，電子の占有が不完全なエネルギーバンドになる。伝導帯は禁止帯を挟んで価電子帯よりもエネルギー準位が高い位置にある。

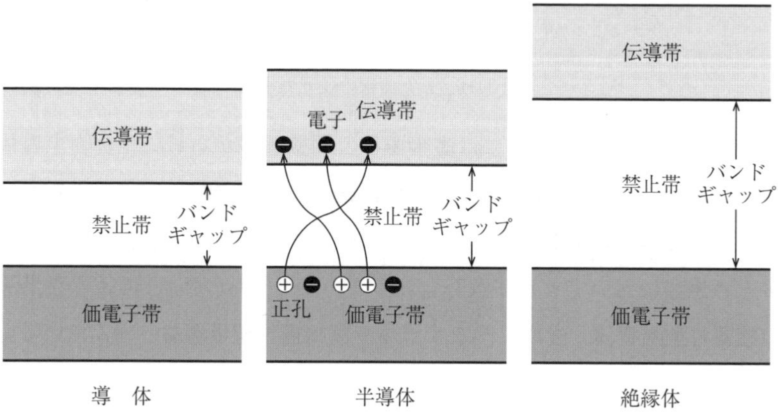

図 3.18　エネルギーバンド構造，バンドギャップと物質の電気伝導性

エネルギーバンド構造には，上側の伝導帯と下側の価電子帯，両者の間の禁止帯がある。以下，E_C, E_V, E_F はそれぞれ，伝導帯の準位（底部），価電子帯の準位（頂部），**フェルミ準位**とする。フェルミ準位 E_{F} は，電子の存在確率が半分になるエネルギー準位の意味をもつ。電子の存在の統計は**フェルミ-ディラック分布**によって説明される。エネルギー E をもつ電子の存在確率 $f(E)$ は，絶対温度 T，ボルツマン定数 k_{BT}，E_{F} を用いて以下のように表される。

$$f(E)=\frac{1}{\left\{1+\exp\left(\dfrac{E-E_F}{k_{BT}}\right)\right\}} \tag{3.54}$$

半導体中のキャリヤとして電子とともに重要な正孔の存在確率は，$1-f(E)$ となる。

フェルミ準位は，温度依存性を無視できるとすると，E_C と E_F の中間と考えられる。電子は E_C と E_V の間の禁止帯には存在できない。E_C と E_V の差は，禁止帯の大きさすなわちバンドギャップエネルギー E_g となる。

金属の場合，伝導帯に電子が半分ほど入っている Li や Na のような一価の金属の場合や，価電子帯と伝導帯が重なり合った Be や Mg のような二価の金属の場合では，いずれも自由に動ける電子がある。

絶縁体の場合は価電子帯は電子で埋まっている。バンドギャップエネルギーが非常に大きいため，励起されて伝導帯に電子が移ることはほとんどなく電気伝導性が得られない。

半導体の場合は価電子帯は電子で埋まっている。バンドギャップエネルギーが小さいため，励起によって伝導帯に電子が移ることが期待できる。Si のバンドギャップエネルギー E_g は 1.11 eV，同じⅣ族の元素半導体である Ge は 0.66 eV である。絶縁体である SiO_2 のバンドギャップエネルギー E_g は 9 eV 程度であり，半導体のバンドギャップエネルギー E_g は絶縁体に対して小さいことがわかる。

熱エネルギーなどによって電子が励起されて価電子帯から伝導帯に移り伝導電子となると，励起された電子がもといた場所には正孔が発生する。これらの伝導に関わる電子や正孔を**キャリヤ**と呼んでいる。ここで説明した半導体のバンド構造は**真性半導体**と呼ばれる不純物原子を導入していないケースである。一方，半導体は通常不純物原子を導入して用いる（図 3.9）。不純物原子の導入によって余分な電子や正孔がキャリヤとして供給されるためさらに優れた電気伝導性が可能になる。

3.8　原子内の電子の配置

ここまで，原子核の周囲に存在する電子の状態について述べた。原子内には原子番号と同じ陽子数と同数の電子が存在する。つぎに原子内における電子の配置について述べる。

先に扱った量子数 n は，軌道半径 r_n および電子のエネルギー準位 E_n を表す数であり，**主量子数**と呼ぶ。パウリの排他原理によると，二つ以上の電子が同じ量子状態をとることはできないとされている。同じエネルギー準位，軌道に存在する電子は，主量子数 n が同じである。同じ軌道上でたがいに異なる量子状態をとるためには，主量子数以外の別の量子数が必要となってくる。

量子数には，主量子数 n 以外に，**方位（全角運動量）量子数** l，**磁気量子数** m，**スピン量子数** s があり，電子はこれらの量子数も含めて，異なる量子状態をとることができる。

表3.2に原子内の量子状態と電子配置を示した。表中の矢印が電子を表している。特に，C までの元素，希ガス元素の Ne，着目する Si について示している。

表3.2　原子内の量子状態と電子配置

	n	1	2				3								
元素記号	殻表現	K	L				M								
	電子収容可能数	2	8				18								
	l	0	0	1			0	1			2				
	l の量子状態表現	1s	2s	2p			3s	3p			3d				
	元素	m	*	−1	0	1	*	−1	0	1	−2	−1	0	1	2
1	H	↑													
2	He	↑↓													
3	Li	↑↓	↑												
4	Be	↑↓	↑↓												
5	B	↑↓	↑↓	↑											
6	C	↑↓	↑↓	↑	↑										
	：														
	：														
	：														
10	Ne	↑↓	↑↓	↑↓	↑↓	↑↓									
	：														
	：														
	：														
14	Si	↑↓	↑↓	↑↓	↑↓	↑↓	↑↓	↑	↑						
	：														

主量子数 n=1／2／3,...　に対し，方位量子数 l は，0/0，1/0，1，2,...をとる。さらに方位量子数 l=0／1／2,...　に対し，磁気量子数 m は，なし／0，±1／0，±1，±2,...　をとる。スピン量子数 s は ±1/2 の 2 状態をとる。表中の電子を示す矢印の上下の向きがスピン状態を表している。

主量子数 n = 0／1／2,...　に対応する**殻**を **K，L，M，...** **殻**といい，n 番目の殻に入り得る電子の数は $2n^2$ 個である。電子で殻が満たされている状態を**閉殻**という。また，方位量子数 $l = 0 ／ 1 ／ 2, \ldots$ に対応する量子状態を，**s，p，d，f,…　軌道**と呼ぶ。*s*，*p*，*d*，*f* は，それぞれ sharp，principal，diffuse，fundamental の略である。

Si 原子内の場合を例として取り上げる。Si 原子の原子番号は 14 であるから K 殻には 2 個の電子，L 殻には 8 個の電子が入り，いずれも閉殻の状態である。残る四つの電子が M 殻において入る軌道は，まず 3*s* 軌道が収容できる 2 個分の電子が入り（$3s^2$），つぎの 3*p* 軌道（収容電子数 6）に残った 2 個の電子が入る（$3p^2$）。Si では，M 殻が最外殻となり，この最外殻の 3*s* および 3*p* に存在する四つの電子がほかの原子との結合，さらには結晶構造を構成する際に重要な役割をする。3*s* 軌道および 3*p* 軌道に存在する四つの電子について，表 3.2 では，Si の欄で網掛けして強調してある。

演　習　問　題

【3.1】　単位格子中に Si の原子は何個存在するか求めなさい。また，最近接原子間距離を単位格子の 1 辺の長さ a を用いて答えなさい。

【3.2】　**問図** 3.1 の結晶面のミラー指数を求めなさい。

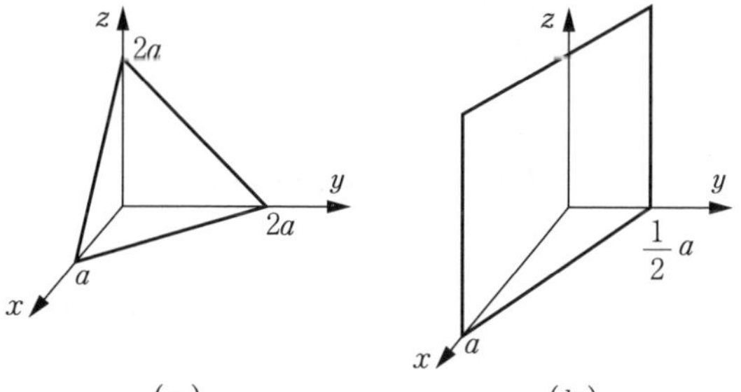

（a）　　（b）

問図　3.1

【3.3】　原子内の電子配置について，主量子数 n の状態に収容可能な電子の数を n を用いて表しなさい。

4

原子から結晶構造，そして物性へ

3章では，物質（固体）を構成する結晶構造について扱った。結晶構造は原子の結合により構成されていることから，原子の内部へと話を進め，原子内の電子状態について説明した。本章では，再び原子が集まって結晶構造を構成する話にもどってくる。3章で学んだ原子内の電子状態の知識をもとに，結晶構造のエネルギー状態を説明する。

3章では，原子内の電子状態によって物質の電気伝導性が影響を受けることを理解し，導体，半導体，絶縁体の分類を行った。本章では，原子による結晶構造の形成へと話を進め，センサ・マイクロマシンにおいて重要となる物質の機械的特性（弾性特性）に関しても理解を深めることにする。電気系や力学系にとどまらず，磁気系や熱系へと拡張可能な考え方として物質のギブスの自由エネルギーを用いた状態変換の考え方を紹介する。

さらに，結晶方位による物性の違いについて話を進める。物性の結晶異方性について，テンソルを用いた弾性特性の理論を説明した後，センサ・マイクロマシンのデバイスでも用いられることの多い話題について紹介する。

4.1　原子による結晶構造の形成

すでに3章で，原子間結合につい説明している。原子が集まり，結晶構造を形成する中で，構成原子の中の電子の状態に着目して理解を深めることにする。

4.1.1　原子中の電子状態と原子間の結合

物質の結晶構造を形成する原子間結合には，電気的な現象が重要な役割を果たしている。ここでは，3章で述べた原子内の電子状態の知識をもとに，原子が集まった際のエネルギー準位やエネルギーバンド構造について説明する。

図 4.1 に孤立原子と結晶のエネルギー構造の概念図を示した。ただし，原子核のエネルギーについては示していない。孤立原子では，3.8 節で学んだように，主量子数 $n=0／1／2,...$ に対応する K，L，M,... 殻に電子が存在する。n 番目の殻の収容可能な電子の数は $2n^2$ 個である。**パウリの排他律**により，二つ以上の電子が同じ量子状態をとることはできない。したがって，原子どうしが近づいた状態の結晶では，同じ準位にいた電子はその近傍の準位をとるようになり，線であったエネルギー準位は分離して帯状に広がることになる。この帯上になったエネルギー準位群が 3 章でも扱ったエネルギーバンドである。

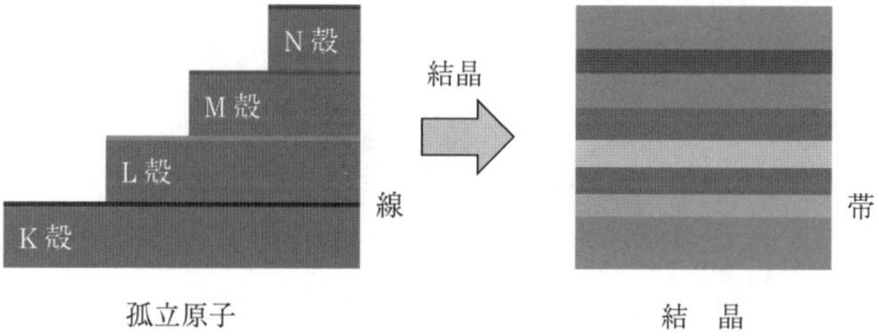

図 4.1　孤立原子と結晶のエネルギー構造

孤立原子の例として Si 原子を取り上げる。Si 原子の原子番号は 14 であるから K 殻には 2 個の電子，L 殻には 8 個，M 殻に 4 個の電子が存在する。**図 4.2** には，Si 原子の原子核の周りの電子軌道のモデルと図 4.1 で概念的に示した原子のエネルギー構造を示している。

結晶構造を考えるために，ここでは簡単のため多数の原子を原子間距離（格子定数）a まで近付けて一次元に配列させたモデルを設定する。**図 4.3** に孤立原子と一次元配列結晶モデルのエネルギー構造を示した。図 4.3 は，図 4.1 の孤立原子と結晶のエネルギー構造の概念図に対応したものとみなせる。

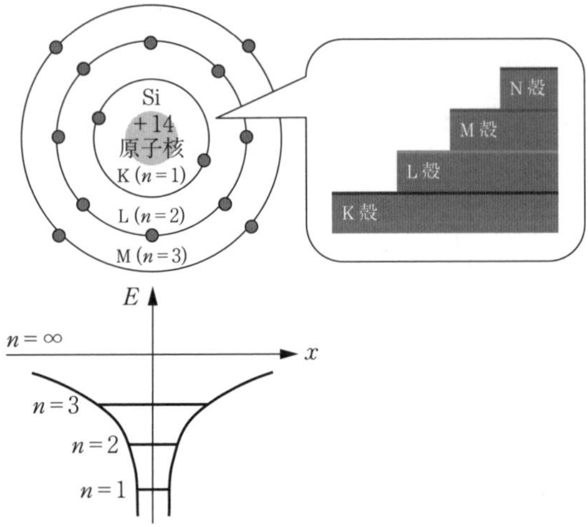

図 4.2　孤立原子の電子軌道のモデルとエネルギー構造

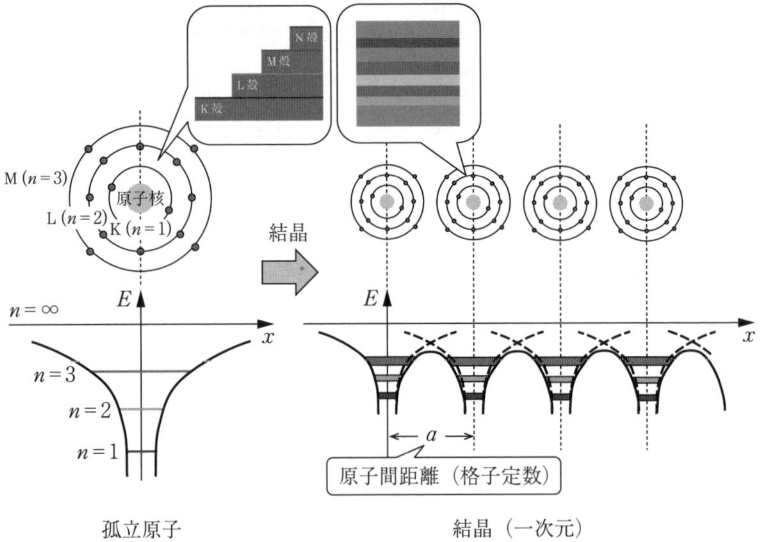

図 4.3　孤立原子の一次元配列結晶モデルのエネルギーバンド構造

4.1.2 原子間結合による結晶構造形成

原子どうしが近づいて集まった際のエネルギー準位やエネルギーバンド構造について学んだ。さらに，原子が結合して結晶構造を形成する過程の把握において，原子間に働く力 F，原子が構成する系のエネルギー U を把握することが重要となる。

原子間に作用する力として，原子間の距離に依存して働く引力と斥力がある。原子間距離が小さくなると，引力は強くなると同時に，原子の外殻電子の影響による斥力も強くなる。仕事の定義から，原子間に働く力 F を積分することにより，多数の原子が構成する系の**ポテンシャルエネルギー** U を考えることができる。逆に系のエネルギー U を原子間距離 r で微分すれば，原子間に働く**原子間力** F が求まる。

$$F = -\frac{dU}{dr} \tag{4.1}$$

すでに学んだように二つの原子が近づくと，おのおのの電子状態が重なり合い，電子が同じエネルギー準位を占有することはできないため（パウリの排他律），別の準位を使うことになる。このとき新たに占有するエネルギー準位は高位にあるため，二つの原子，さらには多数の原子が集まって構成する系のエネルギー U は増加することになる。エネルギーが増加するとき，力 F の符号は負となり斥力が働く。

原子間結合による系のエネルギーは，経験的に原子間距離 r のべき乗に反比例することが知られている。引力を与えるポテンシャルエネルギー Ua は $-A/r^m$ と表すことができる。r は原子間距離で，A は定数である。同様に斥力を与えるポテンシャルエネルギー Ur は，B を定数として $+B/r^n$ と表すことができる。

$$U_a = -\frac{A}{r^m} \tag{4.2}$$

$$U_r = +\frac{B}{r^n} \tag{4.3}$$

これらを用いて結晶中の原子どうしが形成する系のポテンシャルエネルギー U は

$$U = U_a + U_r = -\frac{A}{r^m} + \frac{B}{r^n} \tag{4.4}$$

と表すことができる。$A > 0$, $B > 0$, $m < n$ である。

したがって，引力 Fa および斥力 Fr は以下のように求められる。

$$F_a = -\frac{dU_a}{dr} = -\frac{mA}{r^{m+1}} \tag{4.5}$$

$$F_r = -\frac{dU_r}{dr} = +\frac{nB}{r^{n+1}} \tag{4.6}$$

これらを用いて結晶中の原子どうしが形成する系に働く力 F は

$$F = F_a + F_r = -\frac{mA}{r^{m+1}} + \frac{nB}{r^{n+1}} \tag{4.7}$$

原子間距離 r に対する原子間力 $F(r)$ およびポテンシャルエネルギー $U(r)$ の関係の概形をグラフに表すと**図 4.4** のようになる。

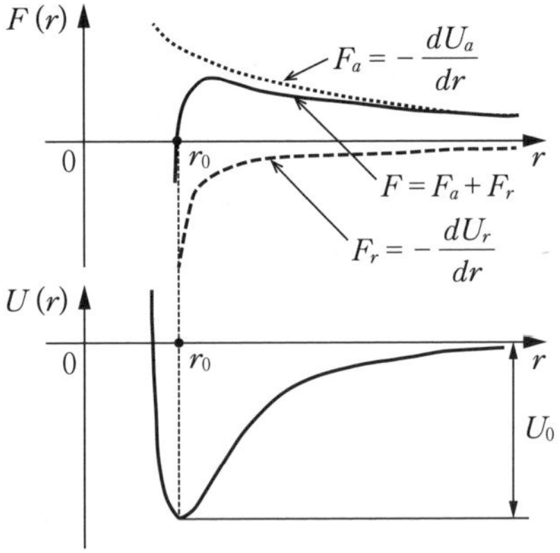

図 4.4　原子間距離に対する原子間力および
ポテンシャルエネルギーの関係

原子間距離 r の変化とともに相互に作用する原子間力が変化し，系のポテンシャルエネルギーも変化する中で，図 4.4 に示すように引力と斥力が釣り合う原子間距離 r_0 が存在する。この原子間力の平衡状態において，ポテンシャルエネルギーは大きさ U_0 の極小値（最小値）を取る。

例えば，6 章で学ぶ電磁気の内容になるが，力 F として距離 r 離れた二つの電荷 q_1，q_2 によるクーロン力 F を考える。電荷 q_1，q_2 の大きさは等しく q とする。原子間力に相当する力 F の向きを引力の働く方向を正として定義すると F は

$$F=-\frac{1}{4\pi\varepsilon_0}\frac{q_1q_2}{r^2} \tag{4.8}$$

である。電荷 q_1，q_2 の符号が同じ場合の斥力 F_r の力の符号は負，異なる場合の引力 F_a の符号は正となる。このとき，$U_a=-A/r^m$，$U_r=+B/r^n$ に相当するエネルギーの表現は

$$U=\frac{1}{4\pi\varepsilon_0}\frac{q_1q_2}{r} \tag{4.9}$$

となる。電荷の符号が異なる場合の引力 F_a，エネルギー U_a は

$$F_a=\frac{1}{4\pi\varepsilon_0}\frac{q^2}{r^2} \tag{4.10}$$

$$U_a=-\frac{1}{4\pi\varepsilon_0}\frac{q^2}{r} \tag{4.11}$$

となる。

単一原子のポテンシャルエネルギーについて学んだ上で，再度原子の集まりである結晶について触れておく。**図 4.5** は孤立した原子間距離とエネルギー構造の関係を示している。原子間距離が大きい時，原子のエネルギー準位は分離して，線である。原子どうしを接近させると，エネルギー準位は分離してバンドを形成する。内側よりも外側にあるエネルギー準位ほど周囲の原子の影響を受けて分裂しやすく広がる傾向がある。さらに接近すると異なった準位から生じたバンドが融合して単一のバンドになり，さらに近付けると分離する。原子間距離が格子定数となったエネルギーバンド構造の状態を図 4.5 の左側に示している。伝導帯，価電子帯，両者の間のギャップである禁止帯が存在していることがわかる。

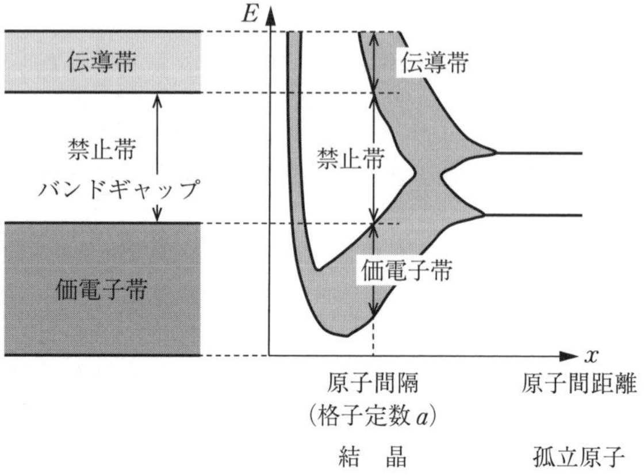

図 4.5　原子間距離とエネルギー構造

4.1.3　結晶内原子のエネルギー状態と物性

物質内の原子や電子の状態は，電気伝導性以外にもさまざまな物性と関係している。物質の機械的特性（弾性特性）について説明することにする。原子間相互作用力（結晶の結合力）によるポテンシャルエネルギーを基に，物質（固体）の硬さや柔らかさの指標である弾性特性との関係について考える。

マイクロマシンの主要材料である Si は，共有結合により結晶を構成しており，魅力的な機械的特性を有している。金属結合により構成される金属材料の機械的特性とは異なっている。金属の場合は，応力を大きくしていくと弾性変形から弾性限界（降伏応力）を経て，塑性変形，破断に進む。**図 4.6** に，機械や電気電子の分野で用いられる一般的な金属材料と半導体 Si の応力ひずみ線図の概形を比較している。金属は延性を示すが，Si は脆性を示す。金属と半導体において，結晶の転位の動きやすさが異なることに起因していると考えられる。はんだ材料に長く使われてきた Pb は，鋼よりも柔らかい。金属は，弾性変形の後に塑性変形を起こすが，転位のない無欠陥の単結晶 Si は塑性変形を示さない。ただし，転位がいったん入るとクラックとなり壊れてしまう。

物質の機械的特性を表す指標として，応力とひずみの比である**弾性スティフネス**が使われる。弾性スティフネスについて，原子間力とポテンシャルエネル

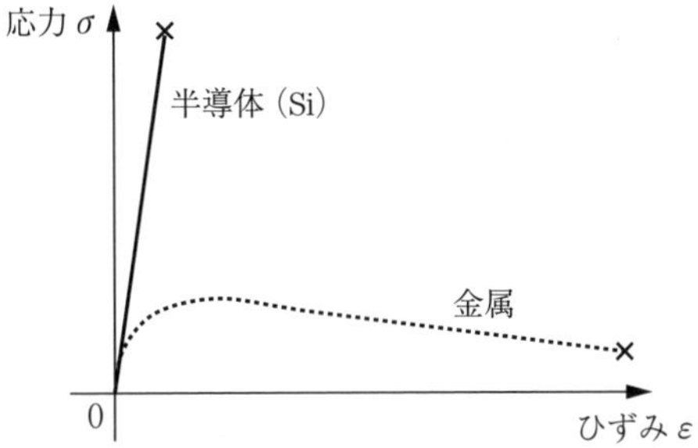

図 4.6　金属と半導体の応力ひずみ線図

ギーの関係を使って考えてみることにする。原子間距離 r の原子間に働く力 F は，エネルギー U を用いて以下の式で表すことができる。

$$F = -\frac{dU}{dr} \qquad (4.1 再掲)$$

原子間距離 r_0 の位置で引力と斥力が釣り合った状態から，新たに力 f が加わる状態を考える。このとき原子間力 r が微小変位 Δr だけ変化する。$F(\Delta r)$ の展開式の第 2 項までを用いて近似的に $F(\Delta r)$ を求めると

$$F(\Delta r) = F(r_0) + F^{(1)}(r_0)\Delta r + \frac{1}{2!}F^{(1)}(r_0)\Delta r^2 + \cdots \qquad (4.12)$$

$$\fallingdotseq -\frac{dU}{dr(r_0)} - \frac{d^2U(r_0)}{dr^2}\Delta r \qquad (4.13)$$

となる。第 1 項は平衡点における力であるから 0 である。図 4.4 のポテンシャルエネルギー U が r_0 において極値をとり，傾きが 0 であることからもわかる。よって

$$F(\Delta r) = -\frac{d^2U(r_0)}{dr^2}\Delta r \qquad (4.14)$$

この力 $F(\Delta r)$ が f に等しい。f に対応する応力を σ とし，力 f によるひずみを ε とすると弾性スティフネス定数である**ヤング率** E は以下のように表すことができる。

$$E = \frac{\sigma}{\varepsilon} \qquad (4.15)$$

いま，応力 σ は力 f を対応する面積で除したものであることを考慮して，面積

の次元に相当する原子間距離の2乗 $r_0^{\,2}$ で f を除する。

$$\frac{f}{r_0^{\,2}} = -\frac{\dfrac{d^2U(r_0)}{dr^2}\Delta r}{r_0^{\,2}} \tag{4.16}$$

さらに，ひずみ ε は

$$\varepsilon = \frac{\Delta r}{r_0} \tag{4.17}$$

であるから

$$\frac{f}{r_0^{\,2}} = -\frac{\dfrac{d^2U(r_0)}{dr^2}}{r_0}\varepsilon \tag{4.18}$$

したがって，弾性定数 E について以下の関係を導くことができる。

$$E = \frac{\sigma}{\varepsilon} \propto -\frac{1}{r_0}\frac{d^2U(r_0)}{dr^2} \tag{4.19}$$

$-d^2U(r_0)/dr^2$ は平衡状態にある物質の結晶のポテンシャルエネルギーの原子間距離 r_0 における二次導関数，すなわち曲率を意味している。

以上より，ポテンシャルエネルギーの極値付近の形状と原子間距離 r_0 と物質の弾性特性の関係を求めることができた。

図4.7 に Si と Pb の原子間力に対するポテンシャルエネルギーの関係の概形を示す。Pb は電子材料の中でも軟らかい金属の例として取り上げている。図4.7より，Si の方が Pb よりも原子間距離 r_0 が小さく，極値の大きさが大きい。さらに，極値付近におけるエネルギーのグラフの形状についてみると，Si

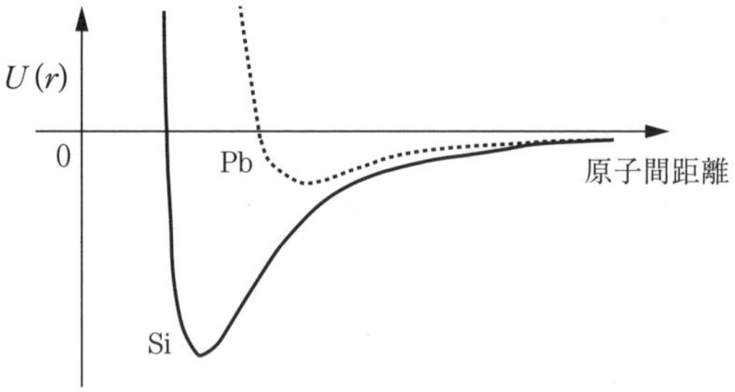

図4.7　Si と Pb の原子間距離に対する
ポテンシャルエネルギーの概形[13)]

はPbよりも急峻な曲率の形状をしている。Pbに比べて，Siは極値付近の二次導関数に相当する曲率が大きく，かつ，原子間距離 r_0 が小さいことから，Siの弾性スティフネスが高いことが理解できる。

4.2 物性と状態変換

4.2.1 状 態 変 換

センサやマイクロアクチュエータの機能を生み出すための源として，物性と場が重要な役割を担っている。図1.4のブロック線図でも表現した通りである。

例えば，ひずみセンサにおいては，応力が加わった結果発生したひずみを電気抵抗変化や静電容量変化として検出する。このときの，応力 T とひずみ S の状態変換関係は，**弾性コンプライアンス**定数 s を用いて以下の式で表すことができる。s は**弾性スティフネス**定数の一つであるヤング率とは逆数の関係にある。

$$S=sT \tag{4.20}$$

ひずみ，応力を表すパラメータ記号として，機械工学や材料工学ではしばしば ε，σ を用いる。ここで，応力を T，ひずみを S で表記する背景に触れておく。センサ・マイクロマシンの分野では，機械と電気・電子の学問を同時に扱うことが求められるため，別の意味をもつパラメータ記号が重なることがある。例えば，機械の分野でひずみを表す ε は電気の分野では**誘電率**を表すために用いることが多い。ここでは機械と電気・電子の境界を越えて物理量を扱うのに際し，ひずみと応力を表すために ε，σ の代わりに S，T を用いている。この後の4.3節では機械分野のパラメータの扱い方も用いるなど，適宜使い分けることにする。

さて，応力とひずみの関係を結びつける弾性コンプライアンス定数 s と同様に，電界と電荷を結びつける誘電率や電界（電圧）と電流を結びつける導電率や抵抗率，磁界と磁化を結ぶ透磁率，熱と温度を結ぶ比熱などの物理量がある。つぎに，各種状態ついて考察を進めておくことにする。

4.2.2 系のエネルギーに基づく考察

〔1〕 **物理量のテンソル記述**　この後の4.3節で詳しく扱うことになるテンソル記述を用いる。ベクトル量の変換前後を結びつける係数として2階のテンソルを用いることができる。ベクトル量は，1階のテンソルとなる。ベクトル $[x_1 \quad x_2 \quad x_3]$ を $[x_1' \quad x_2' \quad x_3']$ に変換する場合，添え字を i と j で表すと，以下のように九つの成分 a_{ij} をもつ2階テンソルで結びつけられる。

$$\begin{bmatrix} x_1' \\ x_2' \\ x_3' \end{bmatrix} = \begin{bmatrix} a_{11} & a_{12} & a_{13} \\ a_{21} & a_{22} & a_{23} \\ a_{31} & a_{32} & a_{33} \end{bmatrix} \begin{bmatrix} x_1 \\ x_2 \\ x_3 \end{bmatrix} \tag{4.21}$$

成分 a_{ij} を求めるには

$$a_{ij} = \frac{\partial x_i'}{\partial x_j} \tag{4.22}$$

とすればよい。

〔2〕 **状態変換関係の導出**　弾性特性と同様に，電界と電束密度，磁界と磁束密度，温度と熱の関係について**ギブスの自由エネルギー** G を用いた考察を紹介する。

力学系，電気系，磁気系，熱系の存在する系において，物質のギブスの自由エネルギー G は以下のように与えられる。添字はテンソル記述に基づく。

$$G = U - S_{kl}T_{kl} - D_iE_i - B_iH_i - \kappa\theta \tag{4.23}$$

ここに，U は内部エネルギー，S_{kl}，T_{kl}，D_i，E_i，B_i，H_i，κ，および θ は，それぞれひずみ，応力，電束密度，電界，磁束密度，磁界，エントロピー，および温度である。

例えば力学系について取り上げることにする。G を T_{kl} で偏微分すると S_{kl} を求めることができる。このとき応力 T 以外の他の電界，磁界，温度といった物理量は一定とする。以降も同様に着目する物理量以外は固定とする。

$$S_{kl} = -\frac{\partial G}{\partial T_{kl}} \tag{4.24}$$

さらに，得られた S_{kl} を T_{ij} で偏微分することにより，S と T の関係を結びつけるパラメータである弾性コンプライアンス定数 s を求めることができる。

$$s_{ijkl}=\frac{\partial S_{kl}}{\partial T_{ij}}=-\frac{\partial G}{\partial T_{ij}\partial T_{kl}} \tag{4.25}$$

同様にして誘電率 ε，透磁率 μ を求めることができる。

$$\varepsilon_{ij}=\frac{\partial D_i}{\partial E_j}=-\frac{\partial G}{\partial E_j\partial E_i} \tag{4.26}$$

$$\mu_{ij}=\frac{\partial B_i}{\partial H_j}=-\frac{\partial G}{\partial H_j\partial H_i} \tag{4.27}$$

さて，ここまでは S と T，D と E，B と H といった二つの物理量の関係を結ぶパラメータについて求めてきた。

つぎに，電束 D を電界 E の代わりに応力 T で偏微分してみることにする。

$$D_i=-\frac{\partial G}{\partial E_i} \tag{4.28}$$

$$d_{ikl}=\frac{\partial D_i}{\partial T_{kl}}=-\frac{\partial G}{\partial T_{kl}\partial E_i} \tag{4.29}$$

この結果，電束 D を電界 E に加えて応力 T と結びつける圧電定数 d を求めることができる。同様に，ひずみ S を応力 T の代わりに電界 E で偏微分してみることにする。

$$S_{kl}=-\frac{\partial G}{\partial T_{kl}} \tag{4.30}$$

$$d_{ikl}=\frac{\partial S_{kl}}{\partial E_i}=-\frac{\partial G}{\partial E_i\partial T_{kl}} \tag{4.31}$$

再び圧電定数が求められた。これは，先に述べた圧電性と逆圧電性の関係を示している。いずれも同じ圧電定数 d によって機械系と電気系の物理量が結びついており，エネルギーに対する微分の順序を交換することができることを表している。

以上のように，力学系，電気系，磁気系，熱系の存在する系におけるエネルギーをもとに，系の諸量の関係（応力とひずみ，電界と電束密度，磁界と磁束密度，温度と熱）を求められることがわかった。物性と場がエネルギーを交えてつながっていることを再認識できる。この理解こそが本書全体を通した重要なテーマの一つであり，6 章の電磁的物性と場の説明でも電気系，磁気系について再び扱うことになる。

4.3　物性の結晶異方性

つぎに，物性と結晶構造の関係の理解を深める。均質な結晶の密度や質量を計量するためには大きさのみが必要で方向を定義する必要はない。一方，結晶の電気伝導率を調べるためには，電流密度あるいは電場の一つの物理量に対して大きさと方向を計量すれば確定するが，弾性定数を調べるためには，内力（応力）が作用する面と内力自身の二つの物理量に対して大きさと方向を計量する必要がある。均質な単結晶材料では，電流密度や電場，応力やひずみが作用する結晶方位に対して電気伝導率，弾性定数，圧電定数などが変化することは実験事実である。これを結晶異方性と呼ぶ。

この節では，複数の物理量の大きさと方向を計量するために有益な数学的道具としてテンソルを導入することにより，弾性特性や弾性－電気特性の結晶異方性を表現する手法を学習する。ただし，テンソルの数学，物理学における意義や本質の説明に関しては割愛し，工学的に利用する立場を優先する。そのような立場をとっても，特に立方結晶構造の結晶異方性を表現する弾性定数の数は応力とひずみの対称性と結晶構造の対称性から決定されるおおよその考え方が理解できるであろう。

4.3.1　弾性特性の結晶異方性

力学的な物理量の応力と幾何学的な物理量の微小ひずみは線形の関係になることが知られている。ここでは物体の微小変形を仮定した線形弾性論に基づき，応力，微小ひずみ，弾性異方性のフック（Hooke）の法則を復習する。また，線形弾性論のエネルギー原理について復習する。

〔1〕 **応　　　力**　直角座標系（デカルト座標系）$O-x_1x_2x_3$ を $x_i(i=1,2,3)$ 系と定義する。物体が外力の作用を受けるときに，物体内部にはその抵抗として内力が作用する。物体内部において単位面積当りに作用する

内力を応力テンソル σ_{ij} と定義する。σ_{ij} の1番目の指標 i は座標系の x_i 軸の正の方向に平行な外向き単位法線を有する x_i 平面を表す。2番目の指標 j は1番目の指標 i で表した x_i 平面の単位面積当りに作用する x_j 方向の内力を表す†。このように応力テンソルは，二つの指標により単位面積当りの内力が作用する面と作用する方向を表現している。

例えば**図4.8**に示すような物体内部の微小立方体要素を考えると，σ_{11} は x_1 平面の単位面積当りに作用する x_1 方向の内力を表す。内力が作用する面と内力の方向が一致するから**垂直応力**と呼ぶ。σ_{12} は x_1 平面の単位面積当りに作用する x_2 方向の内力を表す。内力が作用する面に対して面の接線方向（面がずれる方向）に内力が作用するから**せん断応力**と呼ぶ。微小立方体要素が力学的に平衡状態を維持するためには偶力の釣り合いが必要だから，$\sigma_{12}=\sigma_{21}$ のようにせん断応力は指標の交換に対して対称である。

応力テンソルは物体内部の任意の点において単位面積当りに作用する内力であるから，それ自身は座標系の取り方に無関係であり，座標系の助けを借りて9個の成分を確定することができる。そのため，異なる座標系を導入すれば応

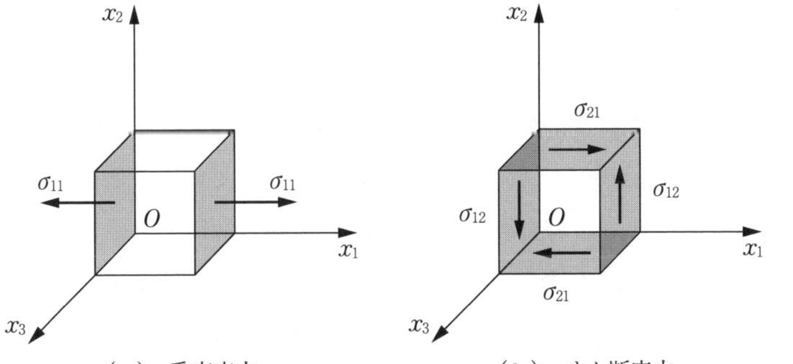

（a）　垂直応力　　　　（b）　せん断応力

図4.8　応 力 の 定 義

† 応力テンソル σ_{ij} の1番目の指標 i は単位面積当りに作用する x_i 方向の内力，2番目の指標 j は座標系の x_j 軸の正の方向に平行な外向き単位法線を有する x_j 平面を表す定義もある。これはどちらかというと連続体力学における応力テンソルの導出が定義の根拠となっている。本書は材料力学や弾性力学の分野で広く受け入れられているTimoshenkoの定義[21)]に従った。

力テンソルの 9 個の成分も異なる値をとることになる。このことから，異なる座標系に関する応力テンソルの成分の間には座標変換の法則が存在する（4.3.1 項〔6〕)。以上の議論からここで述べた応力テンソルは正確には直角座標系（デカルト座標系）のテンソルの成分と記述するべきであるが，以下では応力テンソルなどのように，直角座標系のテンソルの成分を単にテンソルと記述する。

〔2〕 微小ひずみ　物体に内力が作用するとそれに対応して物体は変形する。**図 4.9** に示すように物体内部に x_i 系をとり，その原点 O を基準に，物体内部の任意の点 P を表す位置ベクトルを $\vec{r}$ とする。点 P の変位を表す微小変位ベクトルを $\vec{u}$ とする。点 P から微小距離 $d\vec{r}$ 離れた点 Q の変位ベクトルを $\vec{u}+d\vec{u}$ とする。

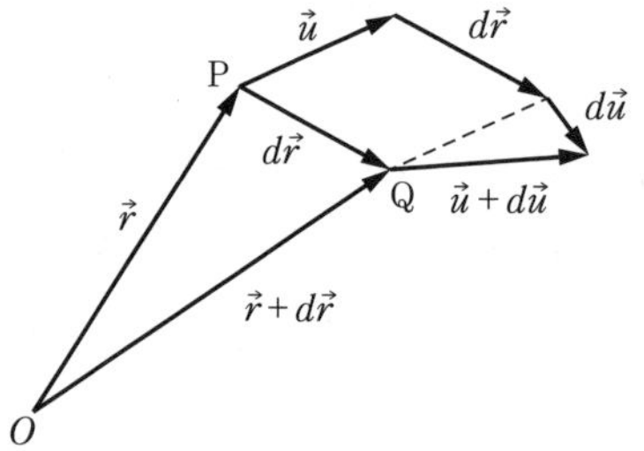

図 4.9　相対微小変位

このとき，$d\vec{u}$ は点 P に対する点 Q の相対微小変位を表す。このように物体の変形は，2 点間の距離の変化 $d\vec{u}$ の有無により求められる。$d\vec{u}=0$ であれば，物体は変形することなく，例えば単純に併進移動していることになる。x_i 系の成分によりこれらのベクトルの成分を書き出すと，$\vec{r}=(x_1, x_2, x_3)$，$d\vec{r}=(dx_1, dx_2, dx_3)$ となり，さらに位置座標 (x_1, x_2, x_3) の関数として $\vec{u}=(u_1(x_1, x_2, x_3), u_2(x_1, x_2, x_3), u_3(x_1, x_2, x_3))$，$d\vec{u}=(du_1, du_2, du_3)$ と表現できる。このとき $d\vec{u}=\vec{u}(x_1+dx_1, x_2+dx_2, x_3+dx_3)-\vec{u}(x_1, x_2, x_3)$ であるから，位置座標 (x_1, x_2, x_3) のまわりでテイラー展開して 1 次の項までをとると次式となる。

$$d\vec{u}=\frac{\partial\vec{u}}{\partial x_1}dx_1+\frac{\partial\vec{u}}{\partial x_2}dx_2+\frac{\partial\vec{u}}{\partial x_3}dx_3 \tag{4.32}$$

ベクトル $\overrightarrow{du}$ の成分を行列形式で表現すると

$$\begin{bmatrix} du_1 \\ du_2 \\ du_3 \end{bmatrix} = \begin{bmatrix} \dfrac{\partial u_1}{\partial x_1} & \dfrac{\partial u_1}{\partial x_2} & \dfrac{\partial u_1}{\partial x_3} \\ \dfrac{\partial u_2}{\partial x_1} & \dfrac{\partial u_2}{\partial x_2} & \dfrac{\partial u_2}{\partial x_3} \\ \dfrac{\partial u_3}{\partial x_1} & \dfrac{\partial u_3}{\partial x_2} & \dfrac{\partial u_3}{\partial x_3} \end{bmatrix} \begin{bmatrix} dx_1 \\ dx_2 \\ dx_3 \end{bmatrix} \tag{4.33}$$

式 (4.33) の右辺の行列 $[\partial u_i/\partial x_j]$ に出現する 9 個の成分は**微小変位勾配**と呼ばれる。

微小変位勾配の幾何学的意味を考えることにより微小ひずみを定義する。特に断りのない限り微小ひずみを単にひずみと記述する。例えば $[\partial u_i/\partial x_j]$ の対角成分 $\partial u_1/\partial x_1$ は x_1 方向の微小線素の単位長さ当りの伸縮を表し，**垂直ひずみ**と呼ばれる（**図 4.10**（a））。非対角成分の組み合わせ $\partial u_1/\partial x_2+\partial u_2/\partial x_1$ は，変形前に座標軸方向に沿うたがいに直角な二つの微小線素が，変形後に二つの微小線素のなす角度が直角から微小な角度だけ変化することを表し，**せん断ひずみ**と呼ばれる。このように定義されるせん断ひずみ

$$\gamma_{ij} \equiv \frac{\partial u_i}{\partial x_j} + \frac{\partial u_j}{\partial x_i}$$

は**工学ひずみ**と呼ばれ，物体の変形に伴う二つの線素間の実際の微小角度変化を表す（図（b））。

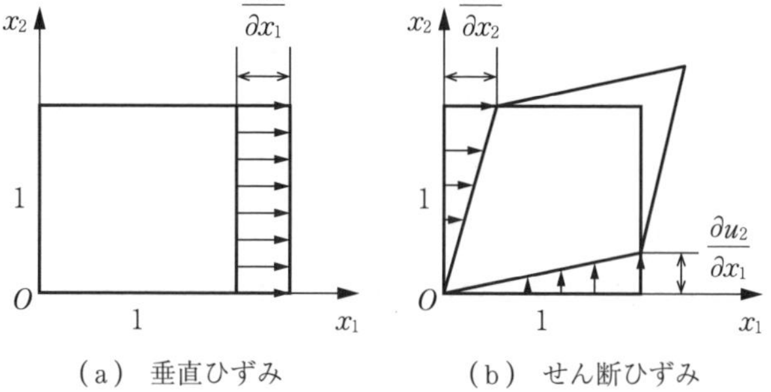

図 4.10　微小ひずみの定義

せん断ひずみは角度の変化を表すから，伸縮を表す垂直ひずみに比べて初学者にとり直感的理解が難しいと思われる。一方

$$\epsilon_{ij} \equiv \frac{1}{2}\gamma_{ij}$$

のように工学ひずみに係数1/2を付けたものを**ひずみテンソル**

$$\epsilon_{ij} = \frac{1}{2}\left(\frac{\partial u_i}{\partial x_j} + \frac{\partial u_j}{\partial x_i}\right)$$

と呼ぶ。ひずみテンソルを定義する理由は，応力テンソル σ_{ij} と同じ座標変換の法則に従うことが証明されているからである（4.3.1項〔5〕参照）。以下ではひずみテンソル ϵ_{ij} を利用して議論を行う。ただし，読者の混乱を避けるために，工学ひずみとひずみテンソルの区別が曖昧になりそうな場合は，適宜注釈を加えることにする。

〔3〕 **弾性異方性固体のフックの法則**　応力テンソル σ_{ij} と微小変位勾配 $\partial u_i/\partial x_j$ の間に比例関係が成立するため，応力テンソル σ_{ij} は微小変位勾配 $\partial u_i/\partial x_j$ の線形結合により表現できる。さらに，ひずみテンソル ϵ_{ij} は微小変位勾配 $\partial u_i/\partial x_j$ の和で定義されたから，応力テンソル σ_{ij} はひずみテンソル ϵ_{ij} の線形結合を利用しても表現できることが理解できる。これを**フックの法則**と呼び次式で表される。

$$\sigma_{ij} = \sum_{k,\,l=1}^{3} C_{ijkl}\epsilon_{kl} \qquad (i, j = 1, 2, 3) \tag{4.34}$$

ここで C_{ijkl} は弾性スティフネステンソルである。式 (4.34) の右辺に出現する指標をみると，k, l は2回出現し，$k, l = 1, 2, 3$ の総和をとると約束する。また，k, l は m, n や p, q などと任意の文字に置き換えても総和をとるため結果は不変である。このような指標を**擬標**と呼ぶ。$i, j = 1, 2, 3$ は両辺に1回のみ出現し，**自由標**と呼ぶ。擬標は計算の都合に合わせて文字を自由に置き換えてよいが，自由標は終始文字を置き換えないほうがよい。自由標を置き換える必要性がある場合は右辺と左辺を同時に置き換えることを忘れないようにする。この規則を理解しないとテンソルの計算は混乱する。式 (4.34) において具体的に $k, l = 1, 2, 3$ の総和をとると9個の成分が出現する。

$$\sigma_{ij}=\sum_{k,l=1}^{3}C_{ijkl}\epsilon_{kl}$$
$$=C_{ij11}\epsilon_{11}+C_{ij12}\epsilon_{12}+C_{ij13}\epsilon_{13}+C_{ij21}\epsilon_{21}+C_{ij22}\epsilon_{22}+C_{ij23}\epsilon_{23}$$
$$+C_{ij31}\epsilon_{31}+C_{ij32}\epsilon_{32}+C_{ij33}\epsilon_{33} \tag{4.35}$$

テンソルでは式 (4.34) と式 (4.35) の擬標の総和記号を省略して

$$\sigma_{ij}=C_{ijkl}\epsilon_{kl} \tag{4.36}$$

のように記述することが慣例である（**アインシュタイン（Einstein）の総和規約**と呼ぶ）。この簡略化された式 (4.36) の意味は具体的に書き下すと式 (4.35) になることを理解してほしい。本書では，式の導出過程でテンソルの指標を置き換えている場合がある。その場合は，適宜注釈を加えている。

1辺の長さが1である微小単位体積要素に作用する応力テンソル σ_{ij} と微小なひずみテンソルの増分 $d\epsilon_{ij}$ により体積要素が弾性変形するとき，応力テンソルとひずみテンソルの増分による仕事の増分 dw は式 (4.36) を用いて次式で与えられる。

$$dw=\sigma_{ij}d\epsilon_{ij}=C_{ijkl}\epsilon_{kl}d\epsilon_{ij} \tag{4.37}$$

式 (4.37) より仕事のひずみによる微分は

$$\frac{\partial w}{\partial \epsilon_{ij}}=C_{ijkl}\epsilon_{kl} \tag{4.38}$$

式 (4.38) をひずみで微分すると

$$\frac{\partial^2 w}{\partial \epsilon_{ij}\partial \epsilon_{kl}}=C_{ijkl} \tag{4.39}$$

式 (4.39) の指標 ij と kl を入れ替えても左辺の微分は不変であるから

$$C_{ijkl}=C_{klij} \tag{4.40}$$

が成立する。また，応力テンソルとひずみテンソルの対称性 $\sigma_{ij}=\sigma_{ji}$ と $\epsilon_{kl}=\epsilon_{lk}$ から弾性スティフネステンソルはつぎの対称性を有することがわかる。

$$C_{ijkl}=C_{jikl}=C_{ijlk} \tag{4.41}$$

したがって，式 (4.40) と式 (4.41) より弾性スティフネステンソルはつぎの対称性を有することがわかる。

$$C_{ijkl}=C_{jikl}=C_{ijlk}=C_{klij} \tag{4.42}$$

弾性スティフネステンソルの対称性 $C_{ijkl}=C_{ijlk}$ とひずみテンソル

$$\epsilon_{ij}=\frac{1}{2}\left(\frac{\partial u_i}{\partial x_j}+\frac{\partial u_j}{\partial x_i}\right)$$

を利用すると式 (4.36) のフックの法則は

$$\sigma_{ij}=C_{ijkl}\epsilon_{kl}=\frac{1}{2}C_{ijkl}\left(\frac{\partial u_k}{\partial x_l}+\frac{\partial u_l}{\partial x_k}\right)=\frac{1}{2}C_{ijkl}\frac{\partial u_k}{\partial x_l}+\frac{1}{2}C_{ijlk}\frac{\partial u_l}{\partial x_k}=C_{ijkl}\frac{\partial u_k}{\partial x_l} \tag{4.43}$$

のように変位勾配で表現することも可能である。

フックの法則を行列形式で書き直すと

$$\{\sigma_{ij}\}=\{C_{ijkl}\}\{\epsilon_{kl}\} \tag{4.44}$$

$$\{9\times 1\}=\{9\times 9\}\{9\times 1\}$$

$\{C_{ijkl}\}$ は $\{9\times 9\}$ 行列であり，9 個 $\{9\times 1\}$ の応力成分 $\{\sigma_{ij}\}$ と 9 個 $\{9\times 1\}$ のひずみ成分 $\{\epsilon_{kl}\}$ を関係付ける。また，$C_{ijkl}=C_{klij}$ より $\{C_{ijkl}\}$ は対称行列である。弾性スティフネステンソル C_{ijkl} は**フォークト**（**Voigt**）**記法**と呼ばれる縮約した行列形式 $\{C_{mn}\}$ を用いて表現すると工学設計に便利である。

$ij\equiv m$，$kl\equiv n$ と定義すると

ij kl	11	22	33	23	31	12	32	13	21
m n	1	2	3	4	5	6	4	5	6

(4.45)

式 (4.45) によれば

$$C_{1111}=C_{11},\qquad C_{1122}=C_{12},\qquad C_{2323}=C_{44},\qquad C_{1223}=C_{64} \tag{4.46}$$

などのようになるから，式 (4.45) と式 (4.46) を用いることにより，式 (4.44) は以下のように書き換えることができる。

$$\begin{Bmatrix}\sigma_{11}\\ \sigma_{22}\\ \sigma_{33}\\ \sigma_{23}\\ \sigma_{31}\\ \sigma_{12}\\ \sigma_{32}\\ \sigma_{13}\\ \sigma_{21}\end{Bmatrix}=\begin{Bmatrix}C_{11} & C_{12} & C_{13} & C_{14} & C_{15} & C_{16} & C_{14} & C_{15} & C_{16}\\ C_{21} & C_{22} & C_{23} & C_{24} & C_{25} & C_{26} & C_{24} & C_{25} & C_{26}\\ C_{31} & C_{32} & C_{33} & C_{34} & C_{35} & C_{36} & C_{34} & C_{35} & C_{36}\\ C_{41} & C_{42} & C_{43} & C_{44} & C_{45} & C_{46} & C_{44} & C_{45} & C_{46}\\ C_{51} & C_{52} & C_{53} & C_{54} & C_{55} & C_{56} & C_{54} & C_{55} & C_{56}\\ C_{61} & C_{62} & C_{63} & C_{64} & C_{65} & C_{66} & C_{64} & C_{65} & C_{66}\\ C_{41} & C_{42} & C_{43} & C_{44} & C_{45} & C_{46} & C_{44} & C_{45} & C_{46}\\ C_{51} & C_{52} & C_{53} & C_{54} & C_{55} & C_{56} & C_{54} & C_{55} & C_{56}\\ C_{61} & C_{62} & C_{63} & C_{64} & C_{65} & C_{66} & C_{64} & C_{65} & C_{66}\end{Bmatrix}\begin{Bmatrix}\epsilon_{11}\\ \epsilon_{22}\\ \epsilon_{33}\\ \epsilon_{23}\\ \epsilon_{31}\\ \epsilon_{12}\\ \epsilon_{32}\\ \epsilon_{13}\\ \epsilon_{21}\end{Bmatrix} \tag{4.47}$$

さらに，式 (4.42) を利用すると

$$C_{1122}=C_{2211}=C_{12},\quad C_{2323}=C_{3223}=C_{2332}=C_{44},$$
$$C_{1223}=C_{2123}=C_{1232}=C_{3212}=C_{46} \tag{4.48}$$

などの対称性があるから，以下に示すように式 (4.47) に出現する 81 個の弾性スティフネステンソルの独立な数は 21 個になる。

$$\begin{Bmatrix}\sigma_{11}\\ \sigma_{22}\\ \sigma_{33}\\ \sigma_{23}\\ \sigma_{31}\\ \sigma_{12}\\ \sigma_{32}\\ \sigma_{13}\\ \sigma_{21}\end{Bmatrix}=\begin{Bmatrix}C_{11}&C_{12}&C_{13}&C_{14}&C_{15}&C_{16}&C_{14}&C_{15}&C_{16}\\ C_{12}&C_{22}&C_{23}&C_{24}&C_{25}&C_{26}&C_{24}&C_{25}&C_{26}\\ C_{13}&C_{23}&C_{33}&C_{34}&C_{35}&C_{36}&C_{34}&C_{35}&C_{36}\\ C_{14}&C_{24}&C_{34}&C_{44}&C_{45}&C_{46}&C_{44}&C_{45}&C_{46}\\ C_{15}&C_{25}&C_{35}&C_{45}&C_{55}&C_{56}&C_{45}&C_{55}&C_{56}\\ C_{16}&C_{26}&C_{36}&C_{46}&C_{56}&C_{66}&C_{46}&C_{56}&C_{66}\\ C_{14}&C_{24}&C_{34}&C_{44}&C_{45}&C_{46}&C_{44}&C_{45}&C_{46}\\ C_{15}&C_{25}&C_{35}&C_{45}&C_{55}&C_{56}&C_{45}&C_{55}&C_{56}\\ C_{16}&C_{26}&C_{36}&C_{46}&C_{56}&C_{66}&C_{46}&C_{56}&C_{66}\end{Bmatrix}\begin{Bmatrix}\epsilon_{11}\\ \epsilon_{22}\\ \epsilon_{33}\\ \epsilon_{23}\\ \epsilon_{31}\\ \epsilon_{12}\\ \epsilon_{32}\\ \epsilon_{13}\\ \epsilon_{21}\end{Bmatrix} \tag{4.49}$$

1 例として式 (4.49) の σ_{11} 成分をすべて書き出してみると以下のとおりである。

$$\begin{aligned}\sigma_{11}&=C_{11}\epsilon_{11}+C_{12}\epsilon_{22}+C_{13}\epsilon_{33}+C_{14}\epsilon_{23}+C_{15}\epsilon_{31}+C_{16}\epsilon_{12}+C_{14}\epsilon_{32}+C_{15}\epsilon_{13}+C_{16}\epsilon_{21}\\ &=C_{11}\epsilon_{11}+C_{12}\epsilon_{22}+C_{13}\epsilon_{33}+C_{14}(\epsilon_{23}+\epsilon_{32})+C_{15}(\epsilon_{31}+\epsilon_{13})+C_{16}(\epsilon_{12}+\epsilon_{21})\\ &=C_{11}\epsilon_{11}+C_{12}\epsilon_{22}+C_{13}\epsilon_{33}+C_{14}\gamma_{23}+C_{15}\gamma_{31}+C_{16}\gamma_{21}\end{aligned} \tag{4.50}$$

この例のように，工学せん断ひずみ $\gamma_{23}, \gamma_{31}, \gamma_{21}$ を導入して弾性スティフネステンソル C_{ijkl} にフォークト記法を導入すると $\{C_{ijkl}\}$ は $\{6\times 6\}$ 行列になるから，式 (4.49) は以下のように書き換えることができる。

$$\begin{Bmatrix}\sigma_{11}\\ \sigma_{22}\\ \sigma_{33}\\ \sigma_{23}\\ \sigma_{31}\\ \sigma_{12}\end{Bmatrix}=\begin{Bmatrix}C_{11}&C_{12}&C_{13}&C_{14}&C_{15}&C_{16}\\ C_{12}&C_{22}&C_{23}&C_{24}&C_{25}&C_{26}\\ C_{13}&C_{23}&C_{33}&C_{34}&C_{35}&C_{36}\\ C_{14}&C_{24}&C_{34}&C_{44}&C_{45}&C_{46}\\ C_{15}&C_{25}&C_{35}&C_{45}&C_{55}&C_{56}\\ C_{16}&C_{26}&C_{36}&C_{46}&C_{56}&C_{66}\end{Bmatrix}\begin{Bmatrix}\epsilon_{11}\\ \epsilon_{22}\\ \epsilon_{33}\\ \gamma_{23}\\ \gamma_{31}\\ \gamma_{12}\end{Bmatrix} \tag{4.51}$$

結論として，応力テンソルとひずみテンソルの対称性 $\sigma_{ij}=\sigma_{ji}$ および $\epsilon_{kl}=\epsilon_{lk}$ と，$C_{ijkl}=C_{jikl}=C_{ijlk}=C_{klij}$ の対称性がフォークト記法では $C_{mn}=C_{nm}$ になることから，式 (4.51) に示すように $\{C_{ijkl}\}$ が $\{6\times 6\}$ 行列で表されるフックの法則の行列表示が導出できる。

Si や Ge などの立方晶の結晶主軸 <1 0 0> を基準とする弾性スティフネステンソルの独立な数は 3 個になる。これは以下のように考えればよい。立方晶では，結晶主軸 <1 0 0> を回転軸とする 90° 回転に対して結晶構造は不変であるから，弾性スティフネステンソルには以下の対称性が成立する。

$$
\begin{aligned}
&C_{iiii} = C_{1111} = C_{2222} = C_{3333} = C_{11} = C_{22} = C_{33}, \\
&C_{iijj}(i \neq j) = C_{1122} = C_{2233} = C_{3311} = C_{2211} = C_{3322} = C_{1133} = C_{12} = C_{23} \\
&\qquad\qquad = C_{31} = C_{21} = C_{32} = C_{13}, \\
&C_{ijij}(i \neq j) = C_{1212} = C_{1221} = C_{2112} = C_{2121} = C_{1313} = C_{1331} = C_{3113} = C_{3131} \\
&\qquad\qquad = C_{3232} = C_{3223} = C_{2332} = C_{2323} = C_{66} = C_{55} = C_{44}
\end{aligned}
\tag{4.52}
$$

せん断ひずみ ϵ_{ij} の符号は垂直応力 σ_{ii} の符号に寄与しないから，$C_{1123} = C_{1131} = C_{1112} = C_{14} = C_{15} = C_{16} = 0$ などとなり

$$
C_{iiij} = 0 \tag{4.53}
$$

ただし，ここでは C_{iiii}，C_{iijj}，C_{ijij}，C_{iiij} に現れる指標に総和規約を適用しない。式 (4.51)，(4.52) と式 (4.53) から立方晶の結晶主軸 <1 0 0> を基準とする弾性スティフネステンソルはつぎのように表される。

$$
\{C_{mn}\} = \begin{Bmatrix}
C_{11} & C_{12} & C_{12} & 0 & 0 & 0 \\
C_{12} & C_{11} & C_{12} & 0 & 0 & 0 \\
C_{12} & C_{12} & C_{11} & 0 & 0 & 0 \\
0 & 0 & 0 & C_{44} & 0 & 0 \\
0 & 0 & 0 & 0 & C_{44} & 0 \\
0 & 0 & 0 & 0 & 0 & C_{44}
\end{Bmatrix} \tag{4.54}
$$

フックの法則 $\sigma_{ij} = C_{ijkl}\epsilon_{kl}$ の逆変換は，弾性コンプライアンステンソル S_{ijkl} を導入することにより次式で表される。

$$
\epsilon_{ij} = S_{ijkl}\sigma_{kl} \tag{4.55}
$$

ここで ϵ_{ij} は 4.3.1 項〔2〕で定義したひずみテンソルである。応力テンソルとひずみテンソルの対称性 $\sigma_{ij} = \sigma_{ji}$ および $\epsilon_{kl} = \epsilon_{lk}$ と，応力テンソルとひずみテンソルの増分による仕事を表す式 (4.37) ～ (4.39) を，ひずみテンソルと応力テンソルの増分による仕事 $dw = \epsilon_{ij}d\sigma_{ij}$ に置き換えれば，弾性コンプライアンステンソルは弾性スティフネステンソルと同様につぎの対称性が成立する。

$$S_{ijkl} = S_{jikl} = S_{ijlk} = S_{klij} \tag{4.56}$$

式 (4.51) の逆変換として，弾性コンプライアンステンソル $\{S_{ijkl}\}$ が $\{6\times6\}$ 行列で表されるフックの法則の行列形式が得られる。

$$\begin{Bmatrix} \epsilon_{11} \\ \epsilon_{22} \\ \epsilon_{33} \\ \gamma_{23} \\ \gamma_{31} \\ \gamma_{12} \end{Bmatrix} = \begin{bmatrix} S_{11} & S_{12} & S_{13} & S_{14} & S_{15} & S_{16} \\ S_{12} & S_{22} & S_{23} & S_{24} & S_{25} & S_{26} \\ S_{13} & S_{23} & S_{33} & S_{34} & S_{35} & S_{36} \\ S_{14} & S_{24} & S_{34} & S_{44} & S_{45} & S_{46} \\ S_{15} & S_{25} & S_{35} & S_{45} & S_{55} & S_{56} \\ S_{16} & S_{26} & S_{36} & S_{46} & S_{56} & S_{66} \end{bmatrix} \begin{Bmatrix} \sigma_{11} \\ \sigma_{22} \\ \sigma_{33} \\ \sigma_{23} \\ \sigma_{31} \\ \sigma_{12} \end{Bmatrix} \tag{4.57}$$

式 (4.56) と式 (4.57) より，弾性コンプライアンステンソル S_{ijmn} の成分は 21 成分となることがわかる。式 (4.57) の工学ひずみとひずみテンソルの関係

$$\frac{1}{2}\gamma_{23} = \epsilon_{23}, \quad \frac{1}{2}\gamma_{31} = \epsilon_{31}, \quad \frac{1}{2}\gamma_{12} = \epsilon_{12}$$

に再度注意してほしい。また，弾性コンプライアンステンソル S_{ijkl} にフォークト記法を適用して S_{mn} に変換するルールはつぎの通りである。本書では，J. F.Nye[20] によるフォークト記法の定義を採用した。

$$\left.\begin{aligned} &m \text{ と } n \text{ が } 1, 2, 3: S_{ijkl} = S_{mn} \\ &m \text{ と } n \text{ のどちらかが } 4, 5, 6: S_{ijkl} = \frac{1}{2} S_{mn} \\ &m \text{ と } n \text{ の両者が } 4, 5, 6: S_{ijkl} = \frac{1}{4} S_{mn} \end{aligned}\right\} \tag{4.58}$$

弾性コンプライアンステンソル S_{ijkl} にフォークト記法を適用して S_{mn} に変換する手法には統一性がないため，読者は論文やテキストにおける弾性コンプライアンステンソル S_{ijkl} のフォークト記法の定義を慎重に確認する必要がある。この確認を怠ると上述のように，S_{mn} の係数に 1/2 や 1/4 の相違が生じて構造設計のミスに繋がることになる。

式 (4.55) と式 (4.57) より，直角座標 x_i 系において単軸の応力テンソルの成分 σ_{11} のみ作用する場合，ひずみテンソルの成分 ϵ_{11} は

$$\epsilon_{11} = S_{1111}\sigma_{11} = S_{11}\sigma_{11} \tag{4.59}$$

となることがわかる。単軸応力と単軸ひずみの関係 $\sigma_{11}/\epsilon_{11}$ がヤング率である

から，弾性異方性を考慮したヤング率 E は弾性コンプライアンステンソル S_{1111} の逆数になることがわかる。フォークト記法を適用すると

$$E=\frac{1}{S_{1111}}=\frac{1}{S_{11}} \tag{4.60}$$

同様に，x_i 系において単軸の応力テンソルの成分 σ_{11} のみ作用する場合，ひずみテンソルの成分 ϵ_{22} は $\epsilon_{22}=S_{2211}\sigma_{11}=S_{21}\sigma_{11}=S_{12}\sigma_{11}$ である。ポアソン比 ν は，ひずみテンソルの成分 ϵ_{11}（x_1 方向の縦ひずみ）とひずみテンソルの成分 ϵ_{22}（x_2 方向の横ひずみ）の比から，$\nu=-\epsilon_{22}/\epsilon_{11}$ で定義されるから，x_1x_2 面内のひずみに対する弾性異方性を考慮したポアソン比は

$$\nu_{12}=-\frac{\epsilon_{22}}{\epsilon_{11}}=-\frac{S_{12}}{S_{11}} \tag{4.61}$$

同様に，ひずみテンソルの成分 ϵ_{11} とひずみテンソルの成分 ϵ_{33}（x_3 方向の横ひずみ）の比から，x_1x_2 面外のひずみに対するポアソン比は

$$\nu_{13}=-\frac{\epsilon_{33}}{\epsilon_{11}}=-\frac{S_{13}}{S_{11}} \tag{4.62}$$

$S_{12}\neq S_{13}$ の弾性異方性を有する場合，単軸の応力テンソルの成分 σ_{11} により生じる x_1 方向のひずみテンソルの成分 ϵ_{11} に対して，x_2 方向と x_3 方向のひずみテンソルの成分が異なる $(\epsilon_{22}\neq\epsilon_{33})$ から，式 (4.61) と式 (4.62) に示すように二つの異なるポアソン比 ν が存在することになる。

式 (4.57) では式 (4.56) の対称性を利用して弾性コンプライアンステンソル S_{ijmn} の 21 成分をフォークト記法で表した。立方晶の結晶主軸を基準にすると，式 (4.52) と式 (4.53) と同様の議論により，弾性コンプライアンステンソル S_{ijmn} の独立な数は以下に示す S_{11}，S_{12}，S_{44} の 3 成分になる。

$$\begin{aligned}
&S_{iiii}=S_{1111}=S_{2222}=S_{3333}=S_{11}=S_{22}=S_{33},\\
&S_{iijj}(i\neq j)=S_{1122}=s_{2233}=S_{3311}=S_{2211}=S_{3322}=S_{1133}=S_{12}=S_{23}\\
&\qquad\qquad =S_{31}=S_{21}=S_{32}=S_{13},\\
&S_{ijij}(i\neq j)=S_{1212}=S_{1221}=S_{2112}=S_{2121}=S_{1313}=S_{1331}=S_{3113}=S_{3131}\\
&\qquad\qquad =S_{3232}=S_{3223}=S_{2332}=S_{2323}=\frac{S_{66}}{4}=\frac{S_{55}}{4}=\frac{S_{44}}{4}
\end{aligned} \tag{4.63}$$

ただし3番目の式は，式(4.58)に示した m と n の両者が4，5，6のときの $S_{ijkl}=1/4S_{mn}$ を利用した。したがって，弾性スティフネステンソル C_{ijkl} と同様に，立方晶の結晶主軸 <1 0 0> を基準とする弾性コンプライアンステンソル S_{ijkl} の行列表示はつぎのように表される。

$$\{S_{mn}\}=\begin{Bmatrix} S_{11} & S_{12} & S_{12} & 0 & 0 & 0 \\ S_{12} & S_{11} & S_{12} & 0 & 0 & 0 \\ S_{12} & S_{12} & S_{11} & 0 & 0 & 0 \\ S_{12} & 0 & 0 & S_{44} & 0 & 0 \\ 0 & 0 & 0 & 0 & S_{44} & 0 \\ 0 & 0 & 0 & 0 & 0 & S_{44} \end{Bmatrix} \tag{4.64}$$

また，式(4.54)と式(4.64)はたがいに逆行列の関係にあることから次式が成立する。

$$\left.\begin{aligned} S_{11}&=\frac{C_{11}+C_{12}}{C_{11}{}^{2}+C_{11}C_{11}-2C_{12}{}^{2}} \\ S_{12}&=\frac{-C_{12}}{C_{11}{}^{2}+C_{11}C_{11}-2C_{12}{}^{2}} \\ S_{44}&=\frac{1}{C_{44}} \end{aligned}\right\} \tag{4.65}$$

立方晶では，弾性スティフネステンソルと同様に弾性コンプライアンステンソルの独立な数は3個になる。**表4.1**に単結晶Siの弾性スティフネスと弾性コンプライアンスを示す。

表4.1 単結晶Siの弾性スティフネスと弾性コンプライアンスの値

C_{11}〔10^{10}Pa〕	C_{12}〔10^{10}Pa〕	C_{44}〔10^{10}Pa〕	S_{11}〔10^{-11}Pa^{-1}〕	S_{12}〔10^{-11}Pa^{-1}〕	S_{44}〔10^{-11}Pa^{-1}〕
16.75	6.39	7.96	0.767	−0.214	1.256

〔4〕 **直角座標系の座標変換**　共通の原点 O を共有する二つの直角座標系である $O-x_1x_2x_3$ 座標系（x_i 系）と $O-x_1'x_2'x_3'$ 座標系（x_i' 系）を考える。$O-x_1x_2x_3$ 系に対する $O-x_1'x_2'x_3'$ 系の座標の回転操作（座標変換）は次式のように三つのオイラー角 (θ, ψ, ϕ) で表現できる（**図4.11**）。

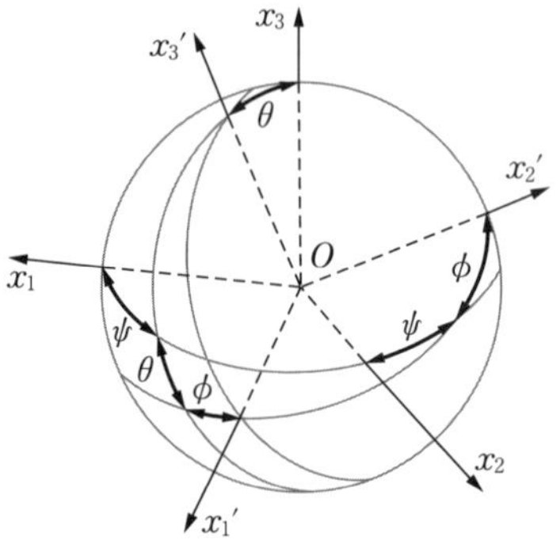

図 4.11　オイラー角の定義

$$
\begin{aligned}
&\begin{bmatrix} x_1' \\ x_2' \\ x_3' \end{bmatrix} \\
&=\begin{bmatrix} \cos\theta\cos\phi\cos\psi-\sin\phi\sin\psi & \cos\theta\sin\phi\cos\psi+\cos\phi\sin\psi & -\sin\theta\cos\psi \\ -\cos\theta\cos\phi\sin\psi-\sin\phi\cos\psi & -\cos\theta\sin\phi\sin\psi+\cos\phi\cos\psi & \sin\theta\sin\psi \\ \sin\theta\cos\phi & \sin\theta\sin\phi & \cos\theta \end{bmatrix}\begin{bmatrix} x_1 \\ x_2 \\ x_3 \end{bmatrix} \\
&\equiv\begin{bmatrix} T_{11} & T_{12} & T_{13} \\ T_{21} & T_{22} & T_{23} \\ T_{31} & T_{32} & T_{33} \end{bmatrix}\begin{bmatrix} x_1 \\ x_2 \\ x_3 \end{bmatrix}
\end{aligned}
\tag{4.66}
$$

ここで，$T_{11}\equiv\cos\theta\cos\phi\cos\psi-\sin\phi\sin\psi$ のように行列 $\{T_{ij}\}$ の成分を定義した。座標変換のテンソルによる指標表示では

$$x_i'=T_{ij}x_j \tag{4.67}$$

となり，T_{ij} は x_i' 軸と x_j 軸のなす角の余弦である方向余弦（x_j 軸成分の x_i' 軸への正射影）を表すテンソルである。式 (4.66) は行列表示では

$$\{x_i'\}=\{T_{ij}\}\{x_j\} \tag{4.68}$$

となる。ここで $\{T_{ij}\}$ は直交行列であり，線形代数学によればその逆行列は転置行列 $\{T_{ij}\}^{-1}=\{T_{ij}\}^{T}=\{T_{ji}\}$ になる性質があるから

$$\{T_{il}\}\{T_{lj}\}^{-1}=\{T_{il}\}\{T_{jl}\}=\{\delta_{ij}\} \tag{4.69}$$

指標表示では

$$T_{il}T_{jl}=\delta_{ij} \tag{4.70}$$

となる。同様に

$$\{T_{il}\}^{-1}\{T_{lj}\}=\{T_{li}\}\{T_{lj}\}=\{\delta_{ij}\} \tag{4.71}$$

$$T_{li}T_{lj}=\delta_{ij} \tag{4.72}$$

となる。ここで

$$\delta_{ij}=\begin{cases}0 & (i\neq j)\\ 1 & (i=j)\end{cases}$$

はクロネッカーデルタである。

$x_i'=T_{ij}x_j$ の逆変換を求めるため，式 (4.67) の両辺に T_{il} を作用させて，式 (4.72) を利用すると $T_{il}x_i'=T_{il}T_{ij}x_j=\delta_{lj}x_j=x_l$ となる。自由標を $l\to i$，擬標を $i\to j$ に書き換えて座標の逆変換

$$x_i=T_{ji}x_j' \tag{4.73}$$

が得られる。

〔5〕 **ひずみの座標変換**　式 (4.73) の両辺を x_k' で微分すると

$$\frac{\partial x_i}{\partial x_k'}=T_{ji}\frac{\partial x_i'}{\partial x_k'}=T_{ji}\delta_{jk}=T_{ki}$$

となる。これより

$$\frac{\partial}{\partial x_i'}=\frac{\partial x_j}{\partial x_i'}\frac{\partial}{\partial x_j}=T_{ij}\frac{\partial}{\partial x_j} \tag{4.74}$$

が成立する。変位はベクトル量のため，式 (4.67) と同じ規則 $x_i'=T_{ij}x_j$ に従って座標変換される。x_i' 系の変位成分を u_i' とするとき，この変位を x_i 系の変位成分 u_i で表すと

$$u_i'=T_{ij}u_j \tag{4.75}$$

となる。

以上の準備からひずみテンソルの座標変換を考える。x_i' 系のひずみテンソルの成分を ϵ_{ij}' とする。x_i' 系の変位成分を u_i' と微分 $\partial/\partial x_i'$ を利用して，ひずみテンソルの成分 ϵ_{ij}' を表すと

$$\epsilon_{ij}'=\frac{1}{2}\left(\frac{\partial u_i'}{\partial x_j'}+\frac{\partial u_j'}{\partial x_i'}\right) \tag{4.76}$$

式 (4.76) に現れる $\partial u_i'/\partial x_j'$ と $\partial u_j'/\partial x_i'$ を x_i 系の変位成分 u_i で表すために，式 (4.74) と式 (4.75) を利用し，擬標の文字の入れ替えに注意すれば次式が導

出できるので

$$\epsilon_{ij}' = \frac{1}{2}\left[\frac{\partial(T_{il}u_l)}{\partial x_k}\,T_{jk} + \frac{\partial(T_{jl}u_l)}{\partial x_k}\,T_{ik}\right] = \frac{1}{2}\left(\frac{\partial u_i}{\partial x_k}\,T_{il}T_{jk} + \frac{\partial u_l}{\partial x_k} + T_{jl}T_{ik}\right)$$

$$= \frac{1}{2}\left(\frac{\partial u_l}{\partial x_k} + \frac{\partial u_k}{\partial x_l}\right)T_{il}T_{jk} = \epsilon_{lk}T_{il}T_{jk} \qquad (4.77)$$

ひずみテンソルの座標変換は $\epsilon_{ij}' = T_{il}T_{jk}\epsilon_{lk}$ で与えられる。式 (4.77) の右辺に現れる $T_{il}T_{jk}$ は 81 個の成分をもち，行列形式では 9 個のひずみテンソルの成分を座標変換する $\{9\times 9\}$ 行列で表示できる。

$\epsilon_{ij}' = T_{il}T_{jn}\epsilon_{ln}$ の逆変換は，式 (4.77) の両辺に $T_{ik}T_{jm}$ を作用させることにより

$$T_{ik}T_{jm}\epsilon_{ij}' = T_{ik}T_{jm}T_{il}T_{jn}\epsilon_{ln} = T_{ik}T_{il}T_{jm}T_{jn}\epsilon_{ln} = \delta_{kl}\delta_{mn}\epsilon_{ln} = \epsilon_{km} \qquad (4.78)$$

となるから，式 (4.78) の右辺の自由標を $k \to i$, $m \to j$，左辺の擬標を $i \to k$, $j \to l$ に書き換えるとひずみテンソルの座標変換の逆変換が得られる。

$$\epsilon_{ij} = T_{ki}T_{lj}\epsilon_{kl}' \qquad (4.79)$$

ひずみテンソルの座標変換にテンソル T_{ij} が 2 回出現する理由は，変位と微分の二つの物理量が座標変換に必要なためである。座標変換に対してテンソル T_{ij} が n 回出現する物理量を n 階のテンソルと定義する。ひずみテンソルはテンソル T_{ij} が 2 回出現したから 2 階のテンソルである。変位はベクトル量であるが，1 階のテンソルとみてよい。

〔6〕 **応力の座標変換**　　**図 4.12** に示すように弾性体内部に微小四面体

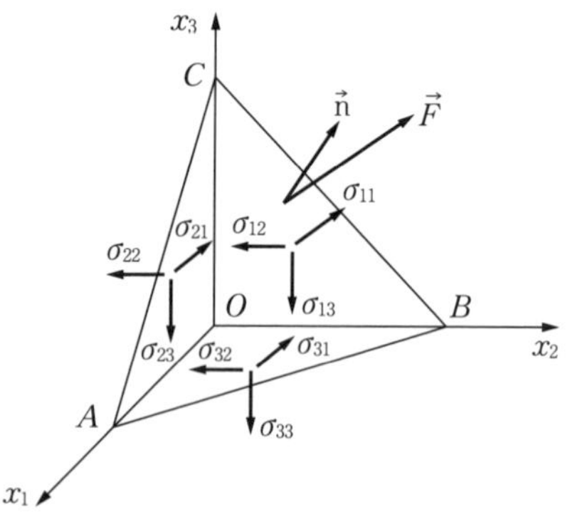

図 4.12　微小四面体要素の内力の平衡

$OABC$ を考える。$OABC$ の頂点は $O-x_1x_2x_3$ 座標軸上に存在する。ΔABC の面積を A，ΔOBA の面積を A_3，ΔOCB の面積を A_1，ΔOAC の面積を A_2 とする。ΔABC の外向き単位法線ベクトルを $\vec{n}=(n_1, n_2, n_3)$ とすると，側面の三角形の面積は，ΔABC の面積を用いて，それぞれ，$A_1=An_1$，$A_2=An_2$，$A_3=An_3$ となる。

ΔABC には表面力ベクトル $\vec{F}$ が作用している。ΔABC は弾性体内部に存在しているから，$\vec{F}$ は ΔABC を通して微小四面体 $OABC$ に接する隣の微小四面体要素から，ΔABC に作用する内力である。ΔOBA，ΔOCB，ΔOAC それぞれに作用する応力テンソル σ_{ij} による内力（図に示す応力と作用する三角形の面積の積）と ΔABC に作用する表面力 $\vec{F}$ の平衡を，それぞれ x_1 方向，x_2 方向および x_3 方向に対して内力の平衡を考えると

$$F_i=\sigma_{ij}An_j=\sigma_{ij}A_j \tag{4.80}$$

ここで微小四面体を構成する側面の三角形の面積の大きさを有し，側面の法線方向を有するベクトルを面積要素ベクトル $An_j\equiv A_j$ と定義した。ここで x_i 系を座標変換して得られる新しい x_i' 系を考える。表面力 $\vec{F}$ を座標変換後の x_i' 系で表現すると

$$F_i'=\sigma_{ij}'A'_j=\sigma_{il}'A_l' \tag{4.81}$$

面積要素ベクトルの座標変換後の x_l' 成分を，座標変換前の x_j 成分で表せば

$$A_l'=T_{lj}A_j \tag{4.82}$$

その逆変換である，座標変換前の x_j 成分を，座標変換後の x_l' 成分で表せば

$$A_j=T_{lj}A_l'=(T_{jl}^{\ -1}A_l') \tag{4.83}$$

式 (4.82) と同様に表面力ベクトルの座標変換後の x_i' 成分を，座標変換前の x_k 成分で表せば

$$F_i'=T_{ik}F_k \tag{4.84}$$

以上の準備から，式 (4.84) に式 (4.80) と式 (4.83) を用いると

$$F_i'=T_{ik}\sigma_{kj}A_j=T_{ik}\sigma_{kj}T_{lj}A_l'=T_{ik}T_{lj}\sigma_{kj}A_l'=\sigma_{il}'A_l' \tag{4.85}$$

したがって，式 (4.85) と式 (4.81) の右辺に出現する A_l' にかかる項を比較すると

$$\sigma_{il}' = T_{ik} T_{lj} \sigma_{kj} \tag{4.86}$$

の応力テンソルの座標変換式を得ることができる。式 (4.80) に示すように応力テンソルは表面力 F_i と面積要素 A_j の二つのベクトルを結びつける。そのため，式 (4.86) では表面力 F_i と面積要素 A_j の座標変換により，座標変換前後の座標軸間の方向余弦で表される 2 階のテンソルが $T_{ik}T_{lj}$ のように 2 回出現する。ひずみテンソルの式 (4.77) の導出過程を参照すれば，応力テンソルの座標の逆変換も同様に

$$\sigma_{ij} = T_{ki} T_{lj} \sigma_{kl}' \tag{4.87}$$

で与えられることがわかるであろう。4.3.1 項〔1〕で述べた，応力が作用する面と，応力にそれが作用する面積をかけて得られる内力の二つの物理量が式 (4.87) に従い座標変換される。応力を力と混同してはいけない。混同すると座標変換に失敗する。式 (4.84) のように，力のベクトルの座標変換は 2 階のテンソル T_{ik} が 1 回出現するのみである。

〔7〕 **弾性定数の座標変換**　　ここまでの議論により，ひずみテンソルと応力テンソルの座標変換の規則を学習した。この規則を利用して，弾性定数（ここでは弾性スティフネステンソル）の座標変換の規則を導出する。ひずみテンソルの座標変換の逆変換は式 (4.79) の $\epsilon_{mn} = T_{pm} T_{qn} \epsilon_{pq}'$，一方，応力テンソルの座標変換の逆変換は式 (4.87) の $\sigma_{ij} = T_{ki} T_{lj} \sigma_{kl}'$ で与えられた。これらを式 (4.36) の x_i 系を基準とするフックの法則 $\sigma_{ij} = C_{ijkl} \epsilon_{kl}$ に代入すると

$$T_{ki} T_{lj} \sigma_{kl}' = C_{ijmn} T_{pm} T_{qn} \epsilon_{pq}' \tag{4.88}$$

式 (4.88) の両辺に $T_{si} T_{tj}$ を作用させると

$$T_{si} T_{tj} T_{ki} T_{lj} \sigma_{kl}' = C_{ijmn} T_{si} T_{tj} T_{pm} T_{qn} \epsilon_{pq}' \tag{4.89}$$

ここで式 (4.89) の左辺は，$T_{si} T_{tj} T_{ki} T_{lj} \sigma_{kl}' = \delta_{sk} \delta_{tl} \sigma_{kl}' = \sigma_{st}'$ であるから

$$\sigma_{st}' = C_{ijmn} T_{si} T_{tj} T_{pm} T_{qn} \epsilon_{pq}' \tag{4.90}$$

となる。また，座標変換後の x_i' 系を基準とする応力テンソル，ひずみテンソルと弾性スティフネステンソルに関するフックの法則は

$$\sigma_{st}' = C_{stpq}' \epsilon_{pq}' \tag{4.91}$$

であるから，式 (4.90) と式 (4.91) の右辺は等しくなり，$C_{ijmn} T_{si} T_{tj} T_{pm} T_{qn} \epsilon_{pq}'$

$=C_{stpq}'\epsilon_{pq}'$ となることがわかる。式 (4.90) と式 (4.91) の右辺のひずみテンソル ϵ_{pq}' にかかる項を比較すれば，弾性スティフネステンソルの座標変換の規則は

$$C_{stpq}'=T_{si}T_{tj}T_{pm}T_{qn}C_{ijmn} \tag{4.92}$$

となり，弾性スティフネステンソルは 4 階のテンソルであることがわかる。弾性スティフネステンソルと同様な手順により，弾性コンプライアンステンソルは 4 階のテンソルであり，座標変換の規則は

$$S_{stpq}'=T_{si}T_{tj}T_{pm}T_{qn}S_{ijmn} \tag{4.93}$$

となる。

立方晶の任意結晶方位に対する弾性コンプライアンステンソル $S_{1111}'=S_{11}'$ および $S_{1122}'=S_{12}'$ は，それぞれ以下のようになる（演習問題【4.2】参照）。

$$S_{1111}'=S_{11}'=S_{11}-2\left(S_{11}-S_{12}-\frac{S_{44}}{2}\right)(T_{11}{}^2T_{12}{}^2+T_{12}{}^2T_{13}{}^2+T_{13}{}^2T_{11}{}^2) \tag{4.94}$$

$$S_{1122}'=S_{12}'=S_{12}+\left(S_{11}-S_{12}-\frac{S_{44}}{2}\right)(T_{11}{}^2T_{21}{}^2+T_{12}{}^2T_{22}{}^2+T_{13}{}^2T_{23}{}^2) \tag{4.95}$$

{1 0 0} 面内の任意の結晶方位に対する S_{11}' の逆数であるヤング率 E と，{1 0 0} 面内のポアソン比の変化の様子を具体的に示そう。**図 4.13** に示すように x_1 軸は立方結晶の主軸 <1 0 0> に沿った座標軸であり，x_1' 軸に沿った結晶方位の変化は，三つのオイラー角 $(\theta=0, \psi=0, \phi)$ とおけばよい。

すなわち，x_3 軸と x_3' 軸が一致して <1 0 0> 方位に沿うから，{1 0 0} 面内の

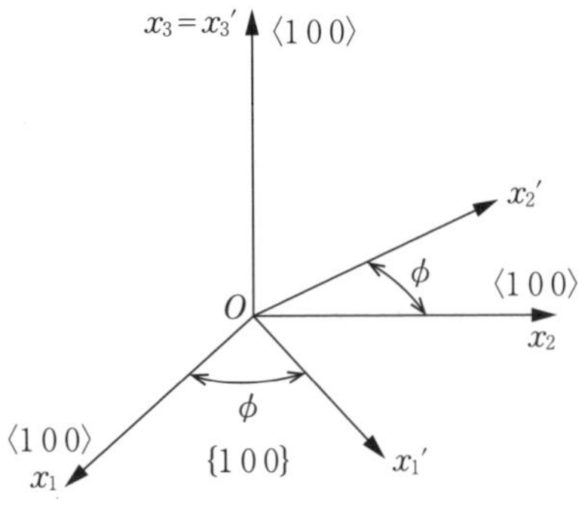

図 4.13　座標変換におけるオイラー角 $(\theta=0, \psi=0, \phi)$

$x_1{}'$ 軸に沿った結晶方位の変化は，x_3 軸回りの回転角 ϕ で表現できる。式(4.66) の座標変換の行列より

$$\left.\begin{aligned} &[T_{ij}] \equiv \begin{bmatrix} T_{11} & T_{12} & T_{13} \\ T_{21} & T_{22} & T_{23} \\ T_{31} & T_{32} & T_{33} \end{bmatrix} = \begin{bmatrix} \cos\phi & \sin\phi & 0 \\ -\sin\phi & \cos\phi & 0 \\ 0 & 0 & 1 \end{bmatrix} \\ &T_{11}{}^2 T_{12}{}^2 + T_{12}{}^2 T_{13}{}^2 + T_{13}{}^2 T_{11}{}^2 = \cos^2\phi \sin^2\phi \\ &T_{11}{}^2 T_{21}{}^2 + T_{12}{}^2 T_{22}{}^2 + T_{13}{}^2 T_{23}{}^2 = 2\cos^2\phi \sin^2\phi \end{aligned}\right\} \tag{4.96}$$

となるから，式 (4.60)，(4.94) と式 (4.96) よりヤング率 E は

$$\frac{1}{E_{\{1\,0\,0\}}} = S_{11}{}' = S_{11} - 2\left(S_{11} - S_{12} - \frac{S_{44}}{2}\right)\cos^2\phi \sin^2\phi \tag{4.97}$$

式 (4.61)，(4.94)，(4.95) と式 (4.96) より $\{1\,0\,0\}$ 面内のひずみに関するポアソン比は

$$\begin{aligned} \nu_{\{1\,0\,0\}} &= -\frac{S_{12}{}'}{S_{11}{}'} \\ &= -\frac{S_{12} + \left(S_{11} - S_{12} - \dfrac{S_{44}}{2}\right)(T_{11}{}^2 T_{21}{}^2 + T_{12}{}^2 T_{22}{}^2 + T_{13}{}^2 T_{23}{}^2)}{S_{11} - 2\left(S_{11} - S_{12} - \dfrac{S_{44}}{2}\right)(T_{11}{}^2 T_{12}{}^2 + T_{12}{}^2 T_{13}{}^2 + T_{13}{}^2 T_{11}{}^2)} \\ &= -\frac{S_{12} + 2\left(S_{11} - S_{12} - \dfrac{S_{44}}{2}\right)\cos^2\phi \sin^2\phi}{S_{11} - 2\left(S_{11} - S_{12} - \dfrac{S_{44}}{2}\right)\cos^2\phi \sin^2\phi} \\ &= -E_{\{1\,0\,0\}}\left\{S_{12} + 2\left(S_{11} - S_{12} - \frac{S_{44}}{2}\right)\cos^2\phi \sin^2\phi\right\} \end{aligned} \tag{4.98}$$

図 4.14 は式 (4.97) と式 (4.98) および表 4.1 の値を利用して単結晶 Si の $\{1\,0\,0\}$ 面内の $E_{\{1\,0\,0\}}$ と $\nu_{\{1\,0\,0\}}$ を描いたものである。

〔8〕 **弾性等方性固体のフックの法則**　立方晶の結晶主軸 x_i 系を基準とするフックの法則において，ひずみテンソルの成分 ϵ_{11} のみ作用し，それ以外の成分はすべて $\epsilon_{ij}=0$ とする。そのとき，行列表示の式 (4.51) と式 (4.54) を利用すると

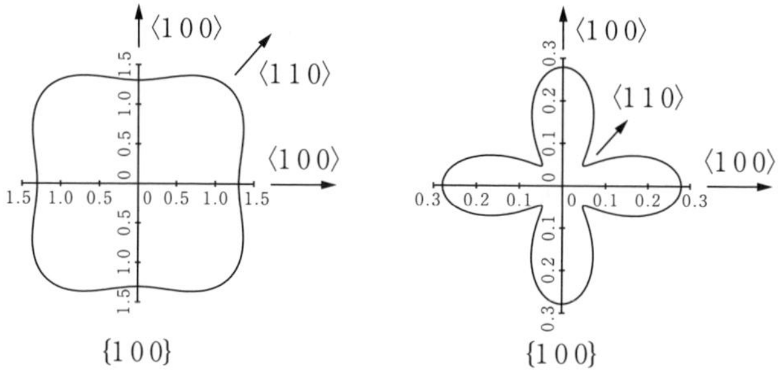

（a） {1 0 0} 面内の $E_{\{100\}}$（単位：10^{11}Pa）　（b） {1 0 0} 面内の $\nu_{\{100\}}$

図 4.14　{1 0 0} 面内のヤング率 $E_{\{100\}}$ とポアソン比 $\nu_{\{100\}}$

$$\sigma_{11}=C_{11}\epsilon_{11},\quad \sigma_{22}=\sigma_{33}=C_{12}\epsilon_{11}=\frac{C_{12}}{C_{11}}\sigma_{11} \tag{4.99}$$

となる。つぎに**図 4.15** のように x_i 系を x_3 軸まわりに 45 度回転させた座標を x_i' 系とする。

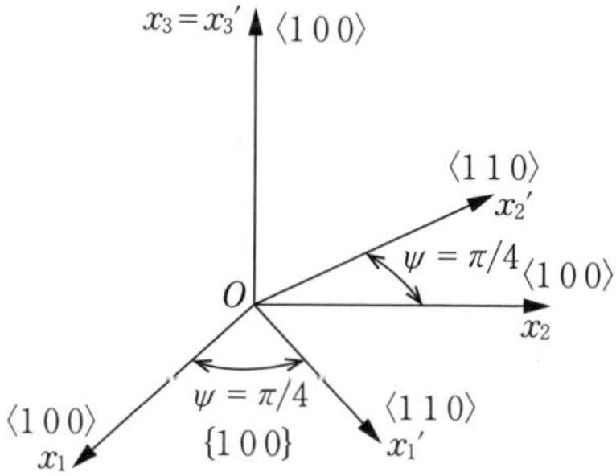

図 4.15　座標変換におけるオイラー角
$(\theta=0,\ \psi=\pi/4,\ \phi=0)$

この場合，座標変換の直交行列は三つのオイラー角が $(\theta=0,\ \psi=\pi/4,\ \phi=0)$ であるから，式 (4.66) より

$$[T_{ij}]\equiv\begin{bmatrix}\dfrac{1}{\sqrt{2}} & \dfrac{1}{\sqrt{2}} & 0\\ -\dfrac{1}{\sqrt{2}} & \dfrac{1}{\sqrt{2}} & 0\\ 0 & 0 & 1\end{bmatrix} \tag{4.100}$$

ひずみテンソルの x_i 系から x_i' 系への座標変換において，変換前の x_i 系ではひずみテンソルの成分 ϵ_{11} のみが作用していることから

$$\epsilon_{ij}' = T_{i1} T_{j1} \epsilon_{11} \tag{4.101}$$

となる。x_i' 系でのせん断ひずみテンソルの成分は，直交行列の式 (4.100) を利用すると

$$\epsilon_{12}' = T_{11} T_{21} \epsilon_{11} = -\frac{1}{2}\epsilon_{11} \tag{4.102}$$

一方，x_i' 系でのせん断応力テンソルの成分 σ_{12}' は応力の座標変換 $\sigma_{il}' = T_{ik} T_{lj}\, \sigma_{kj}$ と式 (4.99) および式 (4.100) より

$$\begin{aligned}\sigma_{12}' &= T_{1k} T_{2j} \sigma_{kj} = T_{11} T_{21} \sigma_{11} + T_{12} T_{22} \sigma_{22} + T_{13} T_{23} \sigma_{33} \\ &= -\frac{1}{2}\sigma_{11} + \frac{1}{2}\sigma_{22} = -\frac{1}{2} C_{11} \epsilon_{11} + \frac{1}{2} C_{12} \epsilon_{11}\end{aligned} \tag{4.103}$$

式 (4.102) と式 (4.103) を利用すると

$$\sigma_{12}' = (C_{11} - C_{12}) \epsilon_{12}' \tag{4.104}$$

また，x_i' 系のフックの法則 $\sigma_{ij}' = C_{ijkl}' \epsilon_{kl}'$ からは，せん断応力テンソルの成分 σ_{12}' は

$$\sigma_{12}' = 2 C_{44}' \epsilon_{12}' \tag{4.105}$$

となるから，式 (4.104) と式 (4.105) を比較すると

$$2 C_{44}' = C_{11} - C_{12} \tag{4.106}$$

が成立すれば，座標変換により弾性スティフネステンソルの成分が不変であることがわかる。この場合を**等方性固体**と呼ぶ。等方性固体では座標変換により弾性スティフネステンソルの成分が不変であるから，$C_{44}' = C_{44}$ とおいてよく，式 (4.106) は

$$2 C_{44} = C_{11} - C_{12} \tag{4.107}$$

と表現できる。

すでに 4.3.1 項〔3〕で示したように，立方異方性弾性固体では独立な弾性スティフネステンソルの数は C_{11}，C_{12}，C_{44} の 3 個であったので，式 (4.107) の関係式から等方性弾性固体の独立な弾性スティフネステンソルの数は 2 個に

なることがわかる。等方性弾性固体ではラーメ（Lamé）の定数 λ, μ を導入して，C_{11}, C_{12}, C_{44} との関係を表現すると便利である。

$$\left.\begin{aligned}&\lambda=C_{12}\\&\mu=C_{44}=\frac{1}{2}(C_{11}-C_{12})\\&\lambda+2\mu=C_{11}\end{aligned}\right\}\tag{4.108}$$

等方性弾性固体の弾性スティフネステンソルはラーメの定数 λ, μ を利用することによりつぎのように表現できる。

$$C_{ijkl}=\lambda\delta_{ij}\delta_{kl}+\mu(\delta_{ik}\delta_{jl}+\delta_{il}\delta_{jk})\tag{4.109}$$

また，式 (4.54) と式 (4.108) を比較すると，弾性スティフネステンソルの行列形式はつぎのようになることがわかる。

$$\{C_{mn}\}=\begin{Bmatrix}\lambda+2\mu&\lambda&\lambda&0&0&0\\\lambda&\lambda+2\mu&\lambda&0&0&0\\\lambda&\lambda&\lambda+2\mu&0&0&0\\0&0&0&\mu&0&0\\0&0&0&0&\mu&0\\0&0&0&0&0&\mu\end{Bmatrix}\tag{4.110}$$

等方性弾性固体のヤング率 E とポアソン比 ν は，ラーメの定数 λ, μ を用いて次式で与えられる。

$$\frac{1}{E}=\frac{\lambda+\mu}{\mu(3\lambda+2\mu)}\tag{4.111}$$

$$\nu=\frac{\mu}{2(\lambda+\mu)}\tag{4.112}$$

等方性弾性固体の弾性コンプライアンステンソル S_{klmn} はヤング率 E とポアソン比 ν を利用して次式のように表現できる。

$$S_{klmn}=-\frac{\nu}{E}\delta_{kl}\delta_{mn}+\frac{1+\nu}{2E}(\delta_{km}\delta_{ln}+\delta_{kn}\delta_{lm})\tag{4.113}$$

また，式 (4.58) のフォークト記法の定義と式 (4.64), (4.65), (4.108), (4.111) と式 (4.112) と式 (4.113) を利用すると，弾性コンプライアンステンソル S_{ijkl} の行列形式はつぎのようになることがわかる。

$$\{S_{mn}\}=\left\{\begin{array}{cccccc} \frac{1}{E} & -\frac{\nu}{E} & -\frac{\nu}{E} & 0 & 0 & 0 \\ -\frac{\nu}{E} & \frac{1}{E} & -\frac{\nu}{E} & 0 & 0 & 0 \\ -\frac{\nu}{E} & -\frac{\nu}{E} & \frac{1}{E} & 0 & 0 & 0 \\ 0 & 0 & 0 & \frac{2(1+\nu)}{E} & 0 & 0 \\ 0 & 0 & 0 & 0 & \frac{2(1+\nu)}{E} & 0 \\ 0 & 0 & 0 & 0 & 0 & \frac{2(1+\nu)}{E} \end{array}\right\} \tag{4.114}$$

〔9〕 **エネルギーの原理**　　**図 4.16** に示すように弾性体中の微小体積要素 $dx_1dx_2dx_3$ に応力テンソルの成分 σ_{11} が作用している。σ_{11} により生じる x_1 方向のひずみテンソルの成分を ϵ_{11} とする。そのとき，x_1 方向の内力は $\sigma_{11}dx_2dx_3$，x_1 方向の微小体積要素の弾性変位は $\epsilon_{11}dx_1$ である。図に示すように内力と弾性変位の関係は線分 OA にそって比例関係を保ちながら変化する。そのときの仕事は次式で与えられる ΔOAB の面積になる。

$$\frac{1}{2}\sigma_{11}\epsilon_{11}dx_1dx_2dx_3 \tag{4.115}$$

これを応力テンソルによる内力とひずみテンソルによる弾性変位による仕事に一般化すると

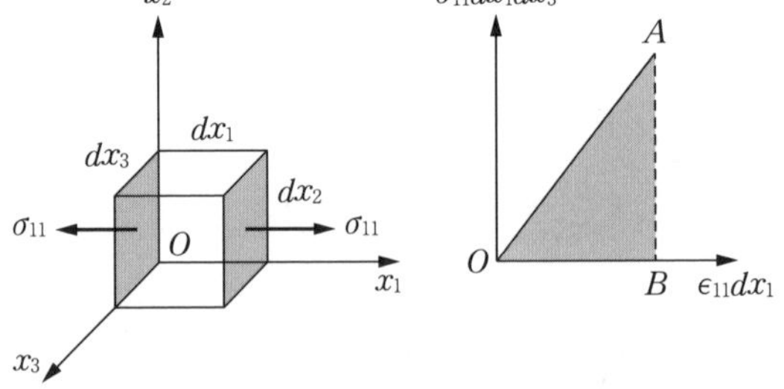

図 4.16　ひずみエネルギーの概念

$$\frac{1}{2}\sigma_{ij}\epsilon_{ij}dx_1dx_2dx_3 \tag{4.116}$$

$1/2\sigma_{ij}\epsilon_{ij}$ を単位体積当りの**ひずみエネルギー**と呼ぶ。

弾性体が静止した状態で，単位面積当りの表面力 F_i（接触力など物体の指定された表面に作用する力，単位：$\mathrm{N/m^2}$）と単位体積当りの体積力 X_i（重力，遠心力など物体体積全体に作用する力，単位：$\mathrm{N/m^3}$）が作用している。弾性体はこれらの力の作用により平衡状態にある粒子の系から構成されている。表面力 F_i と体積力 X_i は弾性体を構成する粒子に作用する力であることに注意してほしい。任意の仮想変位に対して任意の粒子に作用する力による全仕事は 0 になるため，弾性体全体についても仮想変位と粒子に作用する力による全仕事は 0 である。変位 u_i を実際の荷重による x_i 方向への変位成分とする。δu_i を x_i 方向への仮想変位の成分と表し，実際の変位成分と区別する。δu_i をひずみの成分で表現すると

$$\delta\epsilon_{ij}=\frac{1}{2}\left(\frac{\partial\delta u_i}{\partial x_j}+\frac{\partial\delta u_j}{\partial x_i}\right)$$

となり，例として

$$\delta\epsilon_{11}=\frac{\partial\delta u_1}{\partial x_1},\quad \delta\epsilon_{12}=\frac{1}{2}\left(\frac{\partial\delta u_i}{\partial x_2}+\frac{\partial\delta u_2}{\partial x_1}\right)$$

となる。

表面力 F_i と体積力 X_i の作用により弾性体は平衡状態にあると仮定したから，弾性体内部の応力は一定であり，弾性体中の微小体積要素 $dx_1dx_2dx_3$ の応力と仮想変位による仮想仕事は（応力が一定でひずみのみ変化するため，この場合は $(1/2)\sigma_{ij}\delta\epsilon_{ij}dx_1dx_2dx_3$ にならないことに注意）

$$\begin{aligned}&\sigma_{ij}\delta\epsilon_{ij}dx_1dx_2dx_3\\&\quad=(\sigma_{11}\delta\epsilon_{11}+\sigma_{22}\delta\epsilon_{22}+\sigma_{33}\delta\epsilon_{33}+2\sigma_{12}\delta\epsilon_{12}+2\sigma_{23}\delta\epsilon_{23}+2\sigma_{31}\delta\epsilon_{31})dx_1dx_2dx_3\\&\quad\equiv\delta V_0dx_1dx_2dx_3=\delta V_0dV\end{aligned} \tag{4.117}$$

これは応力が一定条件下のひずみエネルギーの変化であるが，弾性体を構成する粒子間に作用する相互力に対してなされる仕事と考えればよい。そのため，相互力により粒子に作用する仕事は符号が逆転するから，$-\delta V_0dx_1dx_2dx_3$

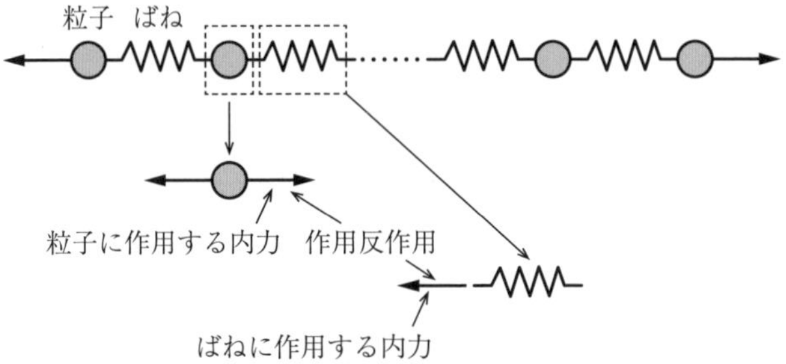

図 4.17　粒子がばねで連結されている弾性体モデル

となる。符号が逆転する説明のために，**図 4.17** のように粒子がばねで連結されている弾性体モデルを考える。

外力の作用によりばねが変位するとき，外力に抵抗して粒子とばねに作用・反作用の法則に従う内力（粒子間に作用する相互力に相当）が発生する。ばねに作用する内力とばねの変位によりなされる仕事がひずみエネルギーに相当する。粒子に作用する内力と粒子の変位によりなされる仕事は，これとは反対の符号となる。理由は，作用・反作用の法則により粒子とばねに作用する内力は大きさが等しく符号が反対である。粒子とばねの変位の方向は同一である。したがって，力×変位（厳密には力のベクトルと変位ベクトルのスカラー積）で与えられる仕事は符号が逆転する。冒頭で述べた通り，表面力 F_i と体積力 X_i は弾性体を構成する粒子に作用する力であるから，ここでも粒子に作用する力を基準に仕事を考えることが必要である。

弾性体全体の全仮想仕事は 0 になることは前述のとおりであるから，粒子に作用する力を基準に仕事を考えると

$$\int_s F_i \delta u_i dS + \iiint_G X_i \delta u_i dV - \iiint_G \delta V_0 dV = 0 \tag{4.118}$$

外力は一定と仮定すると

$$\delta\left(\iiint_G V_0 dV - \iiint_G X_i u_i dV - \int_s F_i u_i dS \right) = 0 \tag{4.119}$$

式 (4.119) の左辺第 1 項はひずみエネルギーであり，除荷時に得られるエネルギーのため**変形のポテンシャルエネルギー**と呼ばれる。第 2 項は体積力によ

るポテンシャルエネルギー，第3項は表面力によるポテンシャルエネルギーである。式(4.119)の左辺の（ ）内の項は弾性体の全ポテンシャルエネルギーあるいは全仕事である。方程式の物理的な意味は，与えれた外力により実際に弾性体に生じる変位 u_i は，弾性体の全ポテンシャルエネルギーが仮想変位 δu_i に対して0になるように生じるということである。与えれた外力により実際に弾性体に生じる変位 u_i に対して，全ポテンシャルエネルギーが停留値を取ることから，式(4.119)が平衡状態で最小値になる。これを**最小ポテンシャルエネルギーの定理**と呼ぶ。厳密には全ポテンシャルエネルギーの第1変分が停留値をとると述べるべきである。本書では停留値（変分法）の説明は避けて定理を工学設計に利用する立場を優先する。

4.3.2 ピエゾ抵抗効果の結晶異方性

2章で紹介した圧力センサにはSi製ダイアフラムの弾性変形に伴うひずみの検出にSi製ひずみゲージ（ピエゾ抵抗素子）が用いられていた。一般に金属製ダイアフラムなど弾性体の変形に伴うひずみの検出には金属製ひずみゲージを利用することも可能であるが，Si製のひずみゲージと異なりひずみによる幾何的変化による電気抵抗変化を動作原理としている。一方Siなどの半導体ひずみゲージ（ピエゾ抵抗素子）の動作原理は，以下に説明するピエゾ抵抗効果に基づく。

1954年にSmith博士はシリコン（Si）とゲルマニウム（Ge）のピエゾ抵抗効果を発見した[15)]。彼は**図4.18**（a），（b），（c）に示すような三つの形態の組合せと図中に挿入した方程式により，SiとGeの三つの独立なピエゾ抵抗係数 π_{11}，π_{12}，π_{44} を分離決定した。

Smith博士による計測結果の一部は表4.1に示している。また，後述の式(4.147)に示すように固体の変形による抵抗変化は，比抵抗変化と幾何学変化の総和で $\Delta R/R_0=\Delta\rho/\rho_0+\epsilon_{11}-\epsilon_{22}-\epsilon_{33}$ のように求められる。Smith博士は論文[15)]中でこのことを厳密に記述しており，ひずみの項 $\epsilon_{11}-\epsilon_{22}-\epsilon_{33}$ を単軸の引張応力 X に換算し（4.3.1項〔3〕参照），さらにシリコンの結晶方位による

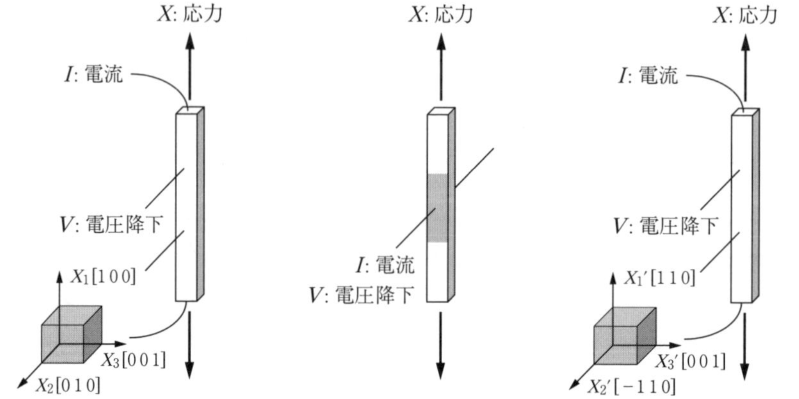

$$\frac{\Delta R}{R}=\frac{\Delta\rho}{\rho}+(S_{11}-2S_{12})X$$

$$\frac{1}{X}\frac{\Delta\rho}{\rho}=\pi_{11}$$

（a）

$$\frac{\Delta R}{R}=\frac{\Delta\rho}{\rho}-S_{11}X$$

$$\frac{1}{X}\frac{\Delta\rho}{\rho}=\pi_{12}$$

（b）

$$\frac{\Delta R}{R}=\frac{\Delta\rho}{\rho}+\left(\frac{1}{2}S_{44}-S_{12}\right)X$$

$$\frac{1}{X}\frac{\Delta\rho}{\rho}=\frac{1}{2}(\pi_{11}+\pi_{12}+\pi_{44})$$

（c）

図 4.18　Smith 博士が考えたピエゾ抵抗計測

弾性定数 S_{11}，S_{12}，S_{44} の変化（4.3.1 項〔7〕参照）を考慮して抵抗変化を厳密に解析している（例えば，図（a）では $\epsilon_{11}-\epsilon_{22}-\epsilon_{33}=(S_{11}-2S_{12})X$ となる）。このように，Si や Ge に代表される半導体に応力（ひずみ）が作用すると比抵抗が変化する現象をピエゾ抵抗効果と呼ぶ。Si のピエゾ抵抗効果は集積回路技術との親和性から，MEMS センサの標準的な検出原理の一つを占めるようになった。

オームの法則によれば，式 (4.120) のように電場ベクトル E_i は電流密度ベクトル J_j の線形結合で表現できる。両者を結びつけるのが比抵抗テンソル ρ_{ij} である。テンソルに関しては 4.3.1 項を参照してほしい。

$$E_i=\rho_{ij}J_j \tag{4.120}$$

電気電子回路に出現するオームの法則によれば，抵抗体における電圧降下と電流の方向は平行である。すなわち，電場ベクトル E_i と電流密度ベクトル J_j はたがいに平行で，たがいに直交しないことがわれわれの認識である（例外は Hall 効果である。外部からの磁場の作用で電場ベクトル E_i と電流密度ベクト

ル J_j はたがいに直交する）。すなわち，電場ベクトル E_i と電流密度ベクトル J_j は $i=j$ の時のみ出現し，比抵抗テンソルは $\rho_{ij}=\rho_0\delta_{ij}$ と表すことが自然である。そのとき式（1）よりオームの法則は次式となる。

$$E_i=\rho_0\delta_{ij}J_j=\rho_0 J_i \tag{4.121}$$

式 (4.121) のオームの法則を行列形式で表示すると次式となる。

$$\{E_i\}=\{\rho_{ij}\}\{J_j\} \tag{4.122}$$

$$\{3\times1\}=\{3\times3\}\{3\times1\}$$

ここで，$\{\rho_{ij}\}$ は 3×3 の対称行列である。式 (4.121) を式 (4.122) の行列成分で表示すれば次式となる。

$$\begin{bmatrix}E_1\\E_2\\E_3\end{bmatrix}=\begin{bmatrix}\rho_{11}&\rho_{12}&\rho_{13}\\\rho_{21}&\rho_{22}&\rho_{23}\\\rho_{31}&\rho_{32}&\rho_{33}\end{bmatrix}\begin{bmatrix}J_1\\J_2\\J_3\end{bmatrix}=\begin{bmatrix}\rho_0&0&0\\0&\rho_0&0\\0&0&\rho_0\end{bmatrix}\begin{bmatrix}J_1\\J_2\\J_3\end{bmatrix} \tag{4.123}$$

応力の作用による比抵抗テンソルの変化を $\Delta\rho_{ij}$ と表し，式 (4.120) を修正したオームの法則は次式となる。

$$E_i=(\rho_0\delta_{ij}+\Delta\rho_{ij})J_j=\rho_0\left(\delta_{ij}+\frac{\Delta\rho_{ij}}{\rho_0}\right)J_j \tag{4.124}$$

式 (4.124) を行列形式と行列成分で表示すれば，それぞれ次式となる。

$$\{E_i\}=\{\rho_0\delta_{ij}+\Delta\rho_{ij}\}\{J_j\} \tag{4.125}$$

$$\begin{bmatrix}E_1\\E_2\\E_3\end{bmatrix}=\begin{bmatrix}\rho_0&0&0\\0&\rho_0&0\\0&0&\rho_0\end{bmatrix}\begin{bmatrix}J_1\\J_2\\J_3\end{bmatrix}+\begin{bmatrix}\Delta\rho_{11}&\Delta\rho_{12}&\Delta\rho_{13}\\\Delta\rho_{21}&\Delta\rho_{22}&\Delta\rho_{23}\\\Delta\rho_{31}&\Delta\rho_{32}&\Delta\rho_{33}\end{bmatrix}\begin{bmatrix}J_1\\J_2\\J_3\end{bmatrix} \tag{4.126}$$

式 (4.126) の右辺第 1 項は応力が無負荷の状態で式 (4.123) と一致する。第 2 項は応力が作用して比抵抗が変化した状態である。応力の作用により，初期には同値 ρ_0 の対角成分が $[\Delta\rho_{11}\ \Delta\rho_{22}\ \Delta\rho_{33}]$ へ変化することや，初期値が 0 の非対角成分が $[\Delta\rho_{23}\ \Delta\rho_{31}\ \Delta\rho_{12}]$ などへ変化することがわかる。非対角成分の物理的な意味は，電流密度と直交する方向に電界が発生することである。

4.3.1 項ではフックの法則により応力テンソルは弾性コンプライアンステンソルを用いてひずみテンソルの線形結合で表現できることを学習した。これと同様に，比抵抗の変化は応力の作用により発生する。したがって，比抵抗テンソルの変化はピエゾ抵抗テンソルを用いて応力テンソルの線形結合で次式のように表現できる。

$$\frac{\Delta\rho_{ij}}{\rho_0}=\pi_{ijkl}\sigma_{kl} \tag{4.127}$$

π_{ijkl} は4階のテンソルで**ピエゾ抵抗テンソル**あるいは**ピエゾ抵抗係数**と呼ぶ。

式 (4.127) を式 (4.124) へ代入すると，ピエゾ抵抗の構成式が得られる。

$$E_i=\rho_0(\delta_{ij}+\pi_{ijkl}\sigma_{kl})J_j \tag{4.128}$$

ピエゾ抵抗テンソル π_{ijkl} の1番目と2番目の指標の組 (ij) は，固体に作用する電場ベクトル E_i と電流密度ベクトル J_j の成分に対応する。3番目と4番目の指標の組 (kl) は，固体に作用する応力テンソル σ_{kl} の成分に対応する。したがって，指標の組 (ij) と (kl) を交換することに物理的な根拠が存在しない。そのため $\pi_{ijkl}\neq\pi_{klij}$ に注意が必要である。比抵抗テンソルの変化 $\Delta\rho_{ij}$ と応力テンソル σ_{kl} の対称性より，$\Delta\rho_{ij}=\Delta\rho_{ji}$ と $\sigma_{kl}=\sigma_{lk}$ が成立することから，最終的にピエゾ抵抗テンソル π_{ijkl} の対称性は $\pi_{ijkl}=\pi_{jikl}=\pi_{ijlk}$ である。この点が弾性スティフネステンソル C_{ijkl} や弾性コンプライアンステンソル S_{ijkl} の対称性を示す式 (4.42) と異なる点である。

式 (4.127) のピエゾ抵抗の構成式を行列形式で表示すると次式となる。

$$\left\{\frac{\Delta\rho_{ij}}{\rho_0}\right\}=\{\pi_{ijkl}\}\{\sigma_{kl}\} \tag{4.129}$$

$$\{9\times1\}=\{9\times9\}\{9\times1\}$$

$\{\pi_{ijkl}\}$ は 9×9 行列であるが，$\pi_{ijkl}\neq\pi_{klij}$ の理由より $\{C_{ijkl}\}$ や $\{S_{ijkl}\}$ と異なり一般に対称行列ではない。$\{\pi_{ijkl}\}$ にフォークト記法の以下のルールを適用する。

$$\left.\begin{array}{l} n\text{が}4,\,5,\,6：\pi_{ijkl}=\dfrac{1}{2}\pi_{mn} \\ \text{それ以外}：\pi_{ijkl}=\pi_{mn} \end{array}\right\} \tag{4.130}$$

$n=4,\,5,\,6$ はせん断応力成分 $\sigma_{12}=\sigma_{21}$, $\sigma_{23}=\sigma_{32}$, $\sigma_{31}=\sigma_{13}$ の作用を表現しており，例えばせん断応力成分 $\sigma_{12}=\sigma_{21}$ が作用する場合，フォークト記法が $(ij)=m$, $(kl)=(12)=n=6$, $(kl)=(21)=n=6$ であるから

$$\frac{\Delta\rho_{ij}}{\rho_0} = \pi_{ijkl}\sigma_{kl} = \pi_{ij12}\sigma_{12} + \pi_{ij21}\sigma_{21} = 2\pi_{ij12}\sigma_{12} = \pi_{m6}\sigma_{12}$$

となり

$$\pi_{ij12} = \frac{1}{2}\pi_{m6} \tag{4.131}$$

のように係数1/2が付くのである。

以上の議論から，ピエゾ抵抗テンソル π_{ijkl} の対称性 $\pi_{ijkl} = \pi_{jikl} = \pi_{ijlk}$ と非対称性 $\pi_{ijkl} \neq \pi_{klij}$ を考慮してフォークト記法のルールを利用すると，式 (4.129) は次式のように $\{\pi_{mn}\}$ の 6×6 行列で表示することができる。

$$\left\{\begin{matrix} \Delta\rho_{11}/\rho_0 \\ \Delta\rho_{22}/\rho_0 \\ \Delta\rho_{33}/\rho_0 \\ \Delta\rho_{23}/\rho_0 \\ \Delta\rho_{31}/\rho_0 \\ \Delta\rho_{12}/\rho_0 \end{matrix}\right\} = \left\{\begin{matrix} \pi_{11} & \pi_{12} & \pi_{13} & \pi_{14} & \pi_{15} & \pi_{16} \\ \pi_{21} & \pi_{22} & \pi_{23} & \pi_{24} & \pi_{25} & \pi_{26} \\ \pi_{31} & \pi_{32} & \pi_{33} & \pi_{34} & \pi_{35} & \pi_{36} \\ \pi_{41} & \pi_{42} & \pi_{43} & \pi_{44} & \pi_{45} & \pi_{46} \\ \pi_{51} & \pi_{52} & \pi_{53} & \pi_{54} & \pi_{55} & \pi_{56} \\ \pi_{61} & \pi_{62} & \pi_{63} & \pi_{64} & \pi_{65} & \pi_{66} \end{matrix}\right\} \left\{\begin{matrix} \sigma_{11} \\ \sigma_{22} \\ \sigma_{33} \\ \sigma_{23} \\ \sigma_{31} \\ \sigma_{12} \end{matrix}\right\} \tag{4.132}$$

式 (4.132) に示すように一般的なピエゾ抵抗テンソル π_{ijmn} の独立な成分は 36 成分となる。式 (4.132) の右辺のピエゾ抵抗係数に関する行列 $\{\pi_{ijkl}\}$ は四つの部分行列に分類できる。

$$\left.\begin{array}{l} \left\{\begin{matrix} \pi_{11} & \pi_{12} & \pi_{13} \\ \pi_{12} & \pi_{22} & \pi_{23} \\ \pi_{13} & \pi_{23} & \pi_{33} \end{matrix}\right\} \equiv \{N-N\} \\ \left\{\begin{matrix} \pi_{14} & \pi_{15} & \pi_{16} \\ \pi_{24} & \pi_{25} & \pi_{26} \\ \pi_{34} & \pi_{35} & \pi_{36} \end{matrix}\right\} \equiv \{N-S\} \\ \left\{\begin{matrix} \pi_{41} & \pi_{42} & \pi_{43} \\ \pi_{51} & \pi_{52} & \pi_{53} \\ \pi_{61} & \pi_{62} & \pi_{63} \end{matrix}\right\} \equiv \{S-N\} \\ \left\{\begin{matrix} \pi_{44} & \pi_{45} & \pi_{46} \\ \pi_{53} & \pi_{55} & \pi_{56} \\ \pi_{64} & \pi_{65} & \pi_{66} \end{matrix}\right\} \equiv \{S-S\} \end{array}\right\} \tag{4.133}$$

ここで，$\{N-N\}$, $\{N-S\}$, $\{S-N\}$, $\{S-S\}$ の 1 番目の記号は N であれば，電場ベクトル E_i と電流密度ベクトル J_j は平行で，S であれば直交することを表している。また，2番目の記号が N であれば垂直応力が作用することを，S であればせん断応力が作用すること示している。式 (4.133) に示したピエゾ抵抗の四つの分類の形態を**図 4.19** に示す。

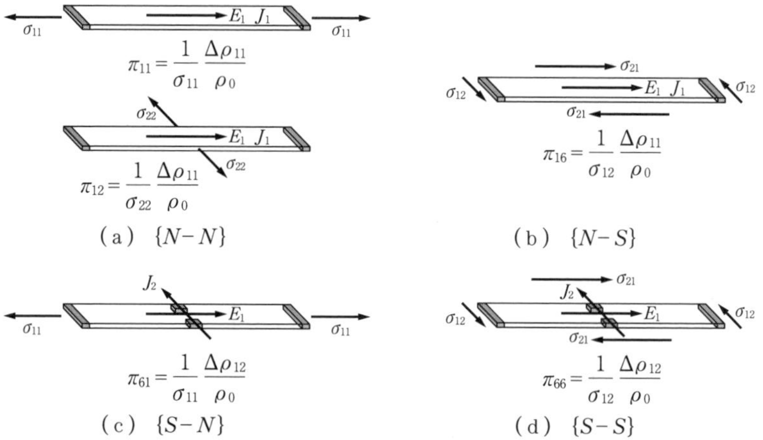

図 4.19 ピエゾ抵抗の四つの分類の形態

これより $\{\pi_{ijkl}\}$ が対称行列ではないこと，例えば，$\pi_{16} \neq \pi_{61}$ であることが $\{N-S\}$（図（b））と $\{S-N\}$（図（c））の形態が異なることから理解できるであろう。

立方晶主軸系の x_i 系では弾性コンプライアンステンソルと同様にピエゾ抵抗テンソルの独立な数は3になる。その理由は以下のように考えればよい。立方晶では，結晶主軸 <1 0 0> を回転軸とする 90° 回転に対して結晶構造は不変であるから

$$
\begin{aligned}
&\pi_{iiii} = \pi_{1111} = \pi_{2222} = \pi_{3333} = \pi_{11} = \pi_{22} = \pi_{33}, \\
&\pi_{iijj}(i \neq j) = \pi_{1122} = \pi_{2233} = \pi_{3311} = \pi_{2211} = \pi_{3322} = \pi_{1133} = \pi_{12} = \pi_{23} = \pi_{31} \\
&\qquad = \pi_{21} = \pi_{32} = \pi_{13}, \\
&\pi_{ijij}(i \neq j) = \pi_{1212} = \pi_{1221} = \pi_{2112} = \pi_{2121} = \pi_{1313} = \pi_{1331} = \pi_{3113} = \pi_{3131} \\
&\qquad = \pi_{3232} = \pi_{3223} = \pi_{2332} = \pi_{2323} = \frac{\pi_{66}}{2} = \frac{\pi_{55}}{2} = \frac{\pi_{44}}{2}
\end{aligned}
\tag{4.134}
$$

せん断応力の成分 σ_{ij} の符号は比抵抗の成分 $\Delta\rho_{ii}/\rho_0$ の符号に寄与しないから

$$\pi_{iiij}=0 \tag{4.135}$$

$\pi_{iiij}=0$ より $\pi_{16}\neq\pi_{61}$ などの非対称の非対角成分が消失し，次式のような対称行列となる。

$$\{\pi_{mn}\}=\begin{Bmatrix} \pi_{11} & \pi_{12} & \pi_{12} & 0 & 0 & 0 \\ \pi_{12} & \pi_{11} & \pi_{12} & 0 & 0 & 0 \\ \pi_{12} & \pi_{12} & \pi_{11} & 0 & 0 & 0 \\ 0 & 0 & 0 & \pi_{44} & 0 & 0 \\ 0 & 0 & 0 & 0 & \pi_{44} & 0 \\ 0 & 0 & 0 & 0 & 0 & \pi_{44} \end{Bmatrix} \tag{4.136}$$

式 (4.136) から立方晶主軸系の x_i 系ではピエゾ抵抗テンソルの独立な数は 3 であり，フォークト記法を用いると π_{11}，π_{12}，π_{44} のみが残ることがわかる。

ピエゾ抵抗テンソルは 4 階のテンソルであるから，弾性スティフネステンソルや弾性コンプライアンステンソルと同じ座標変換の法則に従う。式 (4.91) と同様にピエゾ抵抗テンソルの座標変換の式は次式で与えられる。

$$\pi_{stpq}'=T_{si}T_{tj}T_{pm}T_{qn}\pi_{ijmn} \tag{4.137}$$

立方晶の任意結晶方位 x_i' 系の $\pi_{1111}'=\pi_{11}'$ および $\pi_{1122}'=\pi_{12}'$ はそれぞれ次式で与えられる（演習問題【4.4】参照）。

$$\pi_{1111}'=\pi_{11}'=\pi_{11}-2(\pi_{11}-\pi_{12}-\pi_{44})(T_{11}^{\ 2}T_{12}^{\ 2}+T_{12}^{\ 2}T_{13}^{\ 2}+T_{13}^{\ 2}T_{11}^{\ 2}) \tag{4.138}$$

$$\pi_{1122}'=\pi_{12}'=\pi_{12}+(\pi_{11}-\pi_{12}-\pi_{44})(T_{11}^{\ 2}T_{21}^{\ 2}+T_{12}^{\ 2}T_{22}^{\ 2}+T_{13}^{\ 2}T_{23}^{\ 2}) \tag{4.139}$$

{1 0 0} 面内の任意の結晶方位に対する π_{11}' と π_{12}' の変化の様子を具体的に示

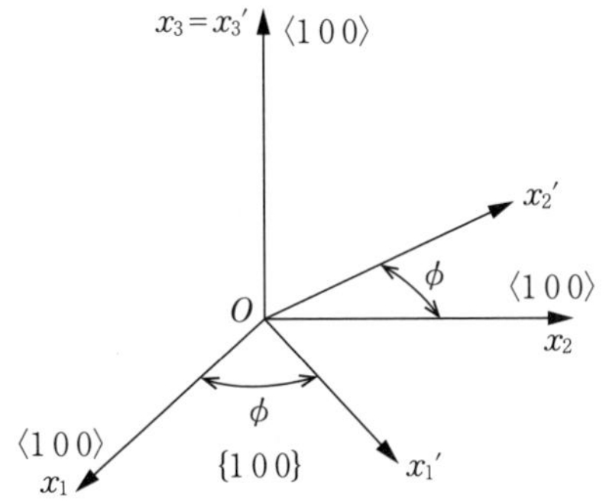

図 4.20　座標変換におけるオイラー角
($\theta=0,\ \psi=0,\ \phi$)

そう。**図 4.20** に示すように x_1 軸は立方結晶の主軸 <100> に沿った座標軸であり，x_1' 軸に沿った結晶方位の変化は，三つのオイラー角を $\theta=0, \psi=0, \phi$ とおけばよい。

すなわち，x_3 軸と x_3' 軸が一致して <1 0 0> 方位に沿うから，x_1' 軸に沿った結晶方位の変化は，x_3 軸回りの回転角 ϕ で表現できる。この場合，式 (4.66) の座標変換の行列より

$$[T_{ij}] \equiv \begin{bmatrix} T_{11} & T_{12} & T_{13} \\ T_{21} & T_{22} & T_{23} \\ T_{31} & T_{32} & T_{33} \end{bmatrix} = \begin{bmatrix} \cos\phi & \sin\phi & 0 \\ -\sin\phi & \cos\phi & 0 \\ 0 & 0 & 1 \end{bmatrix} \tag{4.140}$$

であるから，次式の関係が得られる。

$$T_{11}{}^2 T_{12}{}^2 + T_{12}{}^2 T_{13}{}^2 + T_{13}{}^2 T_{11}{}^2 = \cos^2\phi \sin^2\phi \tag{4.141}$$

$$T_{11}{}^2 T_{21}{}^2 + T_{12}{}^2 T_{22}{}^2 + T_{13}{}^2 T_{23}{}^2 = 2\cos^2\phi \sin^2\phi \tag{4.142}$$

式 (4.141) と式 (4.142) を式 (4.138) と式 (4.139) へ利用すれば，それぞれ次式が得られる。

$$\pi_{11}' = \pi_{11} - 2(\pi_{11} - \pi_{12} - \pi_{44})\cos^2\phi \sin^2\phi \tag{4.143}$$

$$\pi_{12}' = \pi_{12} + 2(\pi_{11} - \pi_{12} - \pi_{44})\cos^2\phi \sin^2\phi \tag{4.144}$$

π_{11}' と π_{12}' は $\cos^2\phi \sin^2\phi$ に依存して変化するため，符号や値は異なるが極大・極小値が同じ方位に出現する。

ピエゾ抵抗テンソルの成分 π_{ijmn} の結晶方位依存性を示した Pfann らの論文[16] には式 (4.138) や式 (4.139) 以外のすべてのピエゾ抵抗係数に関する公式が掲載されている。興味を持った読者はここで説明した手法に従えば，みずから Pfann らの公式を導出することが可能であろう。

n 型 Si と p 型 Si のピエゾ抵抗係数 $\pi_{11}, \pi_{12}, \pi_{44}$ の値を**表 4.2** に示す。**図 4.21** は式 (4.138) と表 4.2 の値を利用して，n 型 Si と p 型 Si の {1 0 0} 面内の任意

表 4.2　n 型 Si と p 型 Si のピエゾ抵抗係数 $\pi_{11}, \pi_{12}, \pi_{44}$ の値

伝導型	比抵抗 ρ〔Ωcm〕	π_{11}〔$10^{-11}Pa^{-1}$〕	π_{12}〔$10^{-11}Pa^{-1}$〕	π_{44}〔$10^{-11}Pa^{-1}$〕
n 型	11.7	−102.2	53.4	−13.6
p 型	7.8	6.6	−1.1	138.1

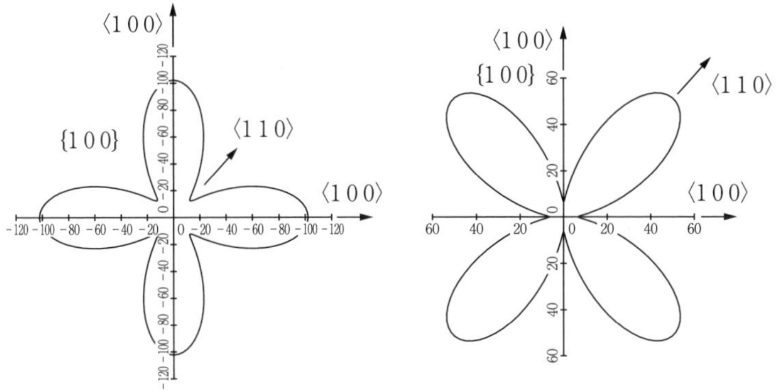

（a）{1 0 0} 面内の n 型 Si の π'_{11}
（単位: 10^{-11} Pa^{-1}）

（b）{1 0 0} 面内の p 型 Si の π'_{11}
（単位: 10^{-11} Pa^{-1}）

図 4.21　{100} 面内の任意の結晶物に対する π_{11}' の変化

の結晶方位に対する π_{11}' の変化を描いたものである。式 (4.97) で示した {1 0 0} 面内の任意の結晶方位に対する Si のヤング率の変化に比べて，ピエゾ抵抗係数は結晶方位による変化が相対的に大きい。このことが MEMS 設計で慣例になっている，「弾性理論は等方性固体で近似して，ピエゾ抵抗のみ異方性固体を考慮する」ことに対する一定の合理性を与える。

図 4.22 に示すような細長い抵抗体に沿って垂直応力が作用するときの抵抗変化を考察しよう。

抵抗体の抵抗値は比抵抗と幾何学寸法より次式で与えられる

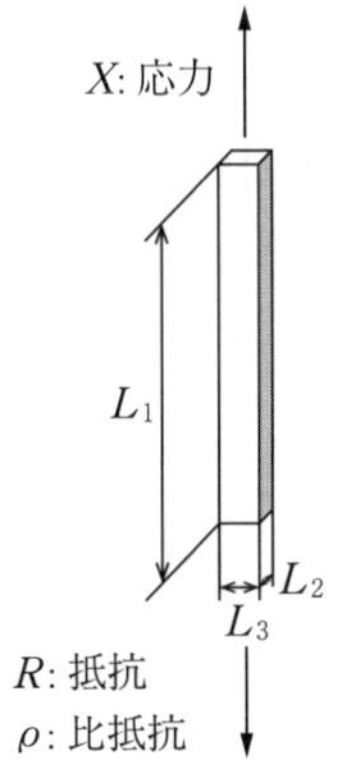

図 4.22　細長い抵抗体に沿って垂直応力が作用するときの抵抗変化

$$R=\frac{\rho L_1}{L_2L_3}$$

の対数をとると

$$\ln R=\ln\left(\frac{\rho L_1}{L_2L_3}\right)=\ln\rho+\ln L_1-\ln L_2-\ln L_3 \tag{4.145}$$

式 (4.145) を微分すると

$$\frac{dR}{R}=\frac{d\rho}{\rho}+\frac{dL_1}{L_1}-\frac{dL_2}{L_2}-\frac{dL_3}{L_3} \tag{4.146}$$

$-\Delta L_1/L_1=\epsilon_{11}$, $\Delta L_2/L_2=\epsilon_{22}$, $\Delta L_3/L_3=\epsilon_{33}$ は垂直ひずみに相当することに注意すると，式 (4.146) は次式となる。

$$\frac{\Delta R}{R_0}=\frac{\Delta\rho}{\rho_0}+\epsilon_{11}-\epsilon_{22}-\epsilon_{33} \tag{4.147}$$

式 (4.147) より，応力が作用すると抵抗変化率 $\Delta R/R_0$ は比抵抗変化 $\Delta\rho/\rho_0$（材料の性質）と垂直ひずみ ϵ_{11}，ϵ_{22}，ϵ_{33}（幾何学形状の変化）による二つの寄与の合計で与えられることがわかる。例えば，垂直応力を $X=160$ MPa，n 型 Si のヤング率を $E\cong160$ GPa（式 (4.97)），シリコンのピエゾ抵抗係数を $\pi_{11}=-102\times10^{-11}$〔$\mathrm{Pa}^{-1}$〕（表 4.2 から抜粋）とする。垂直ひずみは $\varepsilon_{11}=X/E=10^{-3}$，比抵抗変化率は $\Delta\rho/\rho_0=\pi_{11}X\cong-0.16$ となる。したがって，絶対値は $|\Delta\rho/\rho_0|\gg|\varepsilon_{11}|$ となる。この例のように，Si のようなピエゾ抵抗係数の大きな材料では，応力による比抵抗変化の効果は，ひずみによる幾何学変化の効果に比べてオーダー的に 100 倍程度大きく，比抵抗変化が抵抗変化のほとんどを占める。すなわち実際の設計では，$\Delta R/R_0\cong\Delta\rho/\rho_0$ と近似してよいことがわかる。ピエゾ抵抗係数は温度や不純物濃度により変化する。すなわち，MEMS センサの感度が変化することになる。実際の MEMS センサ設計では温度補償にこのことを反映しなければならない。ピエゾ抵抗係数の温度・不純物濃度依存性の詳細は，例えば Si であれば Kanda の文献[17)]，ダイヤモンド結晶構造の Si と Ge，閃亜鉛鉱型結晶構造の化合物半導体であれば仲西らの文献[18)]を参照してほしい。

4.3.3　圧電特性の結晶異方性

2章で圧電材料の圧電性，逆圧電性について紹介した。また4.2節においても，エネルギーから状態関係式を導出し，圧電定数を求めた。

この圧電性，逆圧電性を表現する圧電基本式として以下の関係が知られている。

$$S_i = s_{ij}T_j + d_{im}E_m \tag{4.148}$$

$$D_n = d_{nj}T_j + \varepsilon_{nm}E_m \tag{4.149}$$

S，Tはそれぞれひずみと応力を表し，E，Dはそれぞれ電界と電束密度を表す。またs，εはそれぞれ弾性コンプライアンス定数，誘電率を表す。dは圧電定数であり，圧電材料の圧電性を評価するのに重要なパラメータである。ここでは圧電特性を扱うのに際し，ひずみと応力を表すためにε，σの代わりにS，Tを用いることにする。また各パラメータの添え字はテンソル表現をしたものであり，例えば，3次元結晶においてひずみSは九つの成分を有するテンソルで表される。ひずみの成分をS_{ij}で表すと，添え字の最初の文字iはひずみ成分の方向を表し，つぎの文字jはそのひずみの発生する面の法線方向を表す。例えばx軸に垂直な面に発生するひずみのx成分，y成分はS_{xx}およびS_{yx}と表す。独立した成分は，S_1，S_2，S_3，S_4，S_5，S_6の六つにまとめることができ，それぞれ以下の関係にあり，式 (4.45) に対応している。

$$S_1 = S_{xx}$$

$$S_2 = S_{yy}$$

$$S_3 = S_{zz}$$

$$S_4 = S_{yz} = S_{zy}$$

$$S_5 = S_{xz} = S_{zx}$$

$$S_6 = S_{xy} = S_{yx}$$

同様に応力Tも以下のように六つの独立した成分にまとめることができる。ひずみ，応力ともに添え字の1〜3は引張成分，4〜6はねじり（せん断）成分となる。

変位が十分小さい範囲では，弾性体のひずみと応力の関係は

$$S_i = \sum_{j=1}^{6} s_{ij}T_j = s_{ij}T_j \qquad (i=1, 2, 3\,;\, j=1, 2, \ldots 6) \tag{4.150}$$

で表すことができ，フックの法則に相当する。s_{ij} は弾性コンプライアンスである。さらに圧電アクチュエータの駆動時のように，圧電材料に外部電場が印可されると，ひずみは以下のように表すことができる。

$$S_i = s_{ij}T_j + d_{mi}E_m \qquad (n=1, 2, 3\,;\, m=1, 2, 3\,;\, j=1, 2, \ldots 6) \tag{4.151}$$

圧電定数 d_{mi} は電界のひずみに対する寄与を関係づけている。

つぎに電束密度 D について述べる。外部応力がない場合，電束密度 D は誘電率 ε を用いて以下のように表される。6 章でも扱う電場における基本的な関係である。

$$D_n = \varepsilon_{nm}E_m \qquad (n=1, 2, 3\,;\, m=1, 2, 3) \tag{4.152}$$

さらに圧電センサの外力検知の場合のように，結晶に応力を加えると，電束密度は以下のように表される。

$$D_n = d_{nj}T_j + \varepsilon_{nm}E_m \qquad (n=1, 2, 3\,;\, m=1, 2, 3\,;\, j=1, 2, \ldots 6) \tag{4.153}$$

圧電定数 d_{ni} はひずみの電束密度に対する寄与を関係づけている。

以上のように，圧電現象もテンソル表現される圧電定数によって表すことができ，結晶の方位に強く依存する現象であることがわかる。圧電定数は 18 個成分をもつが，そのうち結晶の対称性により 0 になるものも多い。結晶の対称性に関して結晶族群あるいは点群という分類方法がある。正方晶のうち結晶族群表現により 4 mm で表される結晶構造では圧電性を示す。例えば，代表的な強誘電体セラミックスであるチタン酸バリウム（$BaTiO_3$）は室温でこの結晶構造をとる。この結晶構造の圧電現象によるひずみは以下の式で表される。

$$\begin{bmatrix} S_1 \\ S_2 \\ S_3 \\ S_4 \\ S_5 \\ S_6 \end{bmatrix} = \begin{bmatrix} 0 & 0 & d_{31} \\ 0 & 0 & d_{31} \\ 0 & 0 & d_{33} \\ 0 & d_{15} & 0 \\ d_{15} & 0 & 0 \\ 0 & 0 & 0 \end{bmatrix} \begin{bmatrix} E_1 \\ E_2 \\ E_3 \end{bmatrix} \tag{4.154}$$

特に S_1，S_2，および S_3 の方向のひずみはセンサ・マイクロマシンには重要

であり，軸 3 方向に電界 E_3 を印加することにより

$$S_1 = d_{31}E_3 \tag{4.155}$$

および，

$$S_3 = d_{33}E_3 \tag{4.156}$$

のひずみが発生することがわかる。センサ・マイクロマシンで用いる圧電材料においては，これらの d_{31}，d_{33}，d_{15} の三つの圧電定数が用いられることが多い。

4.3.4　Si の結晶異方性エッチング

単結晶を特定のエッチング液を利用してエッチングするとき，結晶方位に依存したエッチング速度が得られる。例えば単結晶 Si では水酸化カリウム（KOH），テトラメチルアンモニウムハイドロオキサイド（TMAH）を利用すると結晶方位に強く依存したエッチング特性が得られる。エッチングメカニズムやそれに関連した事項の精密で詳細な記述は他の専門書を参照してほしいため以下では概要を述べる。

エッチング結合肢が四つの Si 原子の結合構造においては，自由表面になる結晶面に依存して Si 原子の自由な結合肢（未結合肢あるいはダングリングボンド）の数が異なる。例えば {1 1 1} の自由表面では一つ存在し，{1 0 0} と {1 1 0} の自由表面では二つの自由な結合肢が存在する。

図 4.23 に {1 1 1} と {1 0 0} の自由表面に出現する自由な結合肢を示す。自由表面が {1 1 1} 面の結晶内部の Si 原子は結合肢が三つであり，自由表面が {1 0 0}

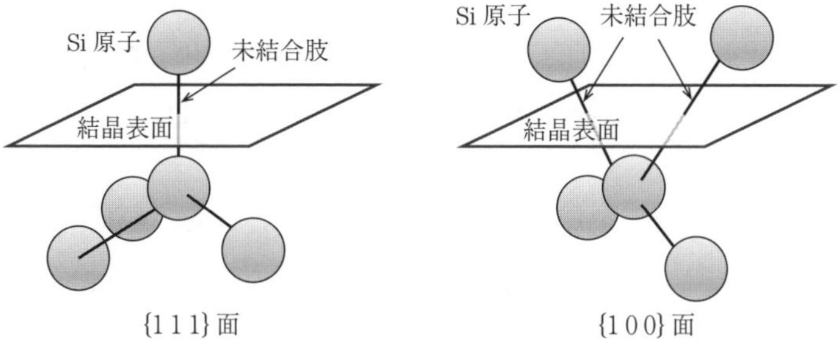

図 4.23　{111} と {100} の自由表面に出現する自由な結合肢

と{1 1 0}面の結晶内部の Si 原子の結合肢が二つであることから，{1 1 1}面の結晶内部の Si 原子の方がより強固に結晶内で結合されている。そのため，{1 1 1}面のエッチング速度が{1 0 0}と{1 1 0}面よりも低いことが理解できる。厳密には，{1 0 0}と{1 1 0}面のエッチング速度が異なるから，この単純な説明ではエッチングメカニズムを精密に説明することはできない。しかしながら，エッチングメカニズムの大雑把な傾向や考え方を知ることができるであろう。最近の研究では結晶面の表面張力や結晶のエッチング面に出現する原子レベルの段差構造の自由エネルギーに着目した理論が実験事実の解釈のために提唱されている。このように，結晶異方性エッチングの理論は，議論の余地がある分野であるが，MEMS 構造体を製作する観点からはきわめて実用性が高い分野であることを言及しておく。

結晶異方性エッチングの典型例として，単結晶 Si の KOH 水溶液による結晶異方性エッチングについて述べる。KOH 水溶液と単結晶 Si の総括反応式は以下のとおりである。

$$Si + 2OH^{-} + 2H_2O \rightarrow SiO_2(OH)_2^{2-} + 2H_2 \tag{4.157}$$

KOH 水溶液中の水酸イオン OH^- の存在が Si のエッチングが進行する要因である。単結晶 Si の結晶異方性エッチングに利用する KOH 水溶液の一般的な濃度はおおよそ 20-30wt%程度である。KOH 水溶液の濃度を低下させるとエッチング表面の表面粗さが増加する傾向がある。また，KOH 水溶液の温度を上昇させるとエッチング表面の表面粗さが緩和される傾向がある。一例として，温度 85℃の 20wt% KOH 水溶液では{1 0 0}面のエッチング速度は約 1.4 μm/min であり{1 0 0}面に対する{1 1 1}面のエッチング速度の比（**選択比**と呼ぶ）は 400：1 になるから，実用的には{1 1 1}面のエッチングはほとんど進展しないと考えてよい。

KOH 水溶液に対するマスク材は，{1 0 0}面で伝導型が n 型の単結晶 Si 基板上に熱酸化プロセスで製膜した SiO_2 あるいは LPCDV（低圧気相成長）で製膜した Si_3N_4 が利用される。KOH 水溶液に対して熱酸化プロセスで製膜した SiO_2 のエッチング速度は約 1.4 nm/min であるが，LPCDV（低圧気相成長）で製膜したSi_3N_4はほとんどエッチングされない。ただし，ここに示したKOH水溶液に対する単結晶Si，SiO_2とSi_3N_4のエッチング速度は読者におおよそのオーダーを理解してもらうために提示したものであり，KOH水溶液の濃度，温度，添加物やマスク材の製膜プロセスにより変動することに注意してほしい。詳細はエッチングメカニズムと合わせて他の専門書[24)]を参照してほしい。

図4.24に結晶異方性エッチングにより製作される単結晶Siの溝構造の例を示す。図に示すように伝導型がn型である単結晶Siの{1 0 0}面のエッチングが開始されると，{1 1 1}面がエッチング液に晒される。{1 0 0}面に対する{1 1 1}面の選択比は400：1になるから{1 1 1}面は安定して出現することになる。{1 0 0}面に対する{1 1 1}面の傾斜角は$\tan^{-1}\sqrt{2}\cong 54.7°$である。

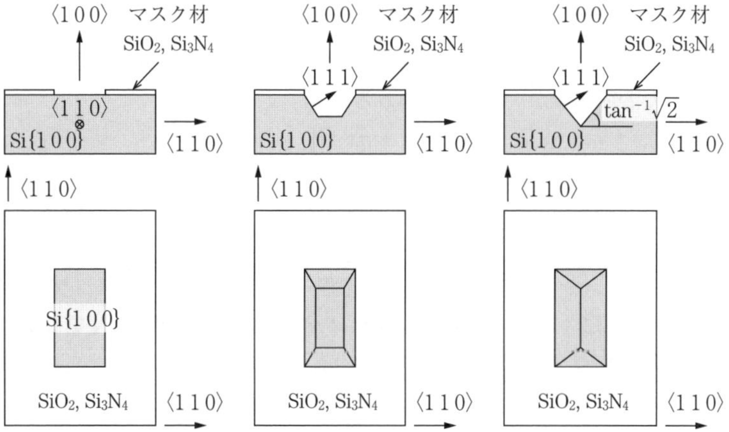

図4.24　結晶異方性エッチングによる単結晶Siの溝構造

演　習　問　題

【4.1】　ギブスの自由エネルギーから熱膨張係数αを求める関係式を導出しなさい。

【4.2】　式(4.94)と式(4.95)に示した立方晶の任意結晶方位に対する弾性コンプライアンステンソル$S_{1111}'=S_{11}'$および$S_{1122}'=S_{12}'$を導出しなさい。

【4.3】　**問図4.1**に示すような1辺の長さ$2a$，厚さhの弾性等方性固体の正方形ダイ

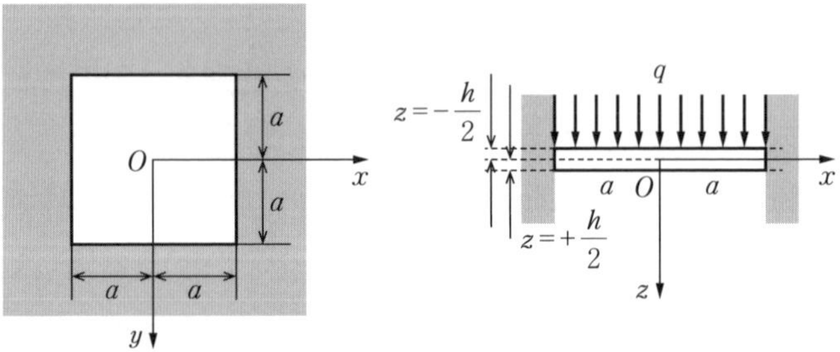

問図 4.1

アフラムを考える。

正方形ダイアフラムが周辺完全固定で等分布荷重（圧力）q を受ける場合について以下の問いに答えなさい。ただし，たわみ $w(x, y)$ はダイアフラムの厚さ h に比べて十分小さいと仮定する（フックの法則は成立するが，ダイアフラム変形の幾何学的非線形性は無視してよい）。

（1）　正方形ダイアフラムの幾何学的対称軸に沿う O-xyz 座標系を基準に，たわみ関数が次式で与えられるとき

$$w(x, y) = \frac{w_0}{4}\left\{1 + \cos\left(\frac{\pi x}{a}\right)\right\}\left\{1 + \cos\left(\frac{\pi y}{a}\right)\right\}$$

$w_0 = w(x = 0, y = 0)$ で与えられるダイアフラム中央部のたわみを求めなさい。

（2）（1）で与えられるたわみの方程式を利用して，ダイアフラムの表面 $z = -h/2$ における中心部（座標は $x = y = 0$）と周辺部（座標は $x = a, y = 0$）の応力を求めなさい。

【4.4】 式 (4.138) と式 (4.139) に示した立方晶の任意結晶方位 x_i' 系の $\pi_{1111}' = \pi_{11}'$ および $\pi_{1122}' = \pi_{12}'$ を導出しなさい。

【4.5】 **問図 4.2** は Si のピエゾ抵抗型ダイアフラム圧力センサの基本構造（図（a），（b））とダイアフラム上における四つのピエゾ抵抗素子の配置のレイアウト例を示している（図（c），（d））。図（c），（d）に示した Si ピエゾ抵抗型ダイアフラム圧力センサの四つのピエゾ抵抗素子をブリッジ接続した場合の出力電圧設計をしなさい。

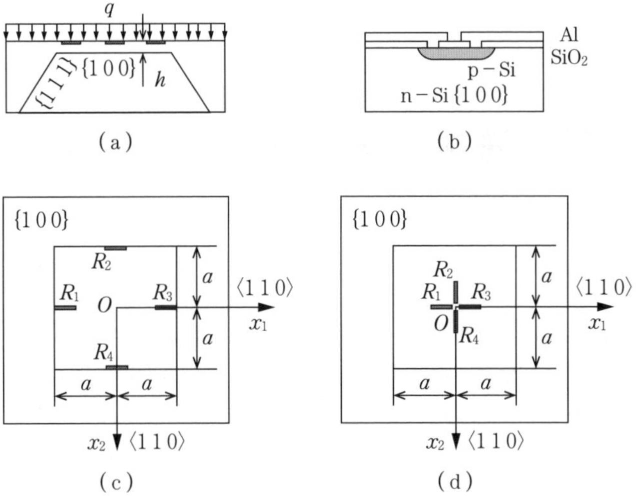

問図 4.2

5

物質の接触，接合とデバイス機能

物質（固体）の電気伝導性の観点からは，3章でも述べたように，導体，半導体，絶縁体の分類があった。本章では，これらの物質を組み合わせると何が起こるか学ぶことにする。

センサ・マイクロマシン技術が立脚する半導体デバイス技術の開発において，さまざまな物質（固体）の接触，接合がもたらす現象が利用されてきた。接合によるデバイス開発については多くの試みがあり，その歴史も長い。

Si どうしの接触，接合のように同種の物質を用いたホモ結合に対して，種類の異なる物質（固体）どうしの接合は，ヘテロ接合と呼ばれている。同種，異種の物質を接触，接合すると整流性や増幅機能などの新たな特性，機能が現われる。一方，半導体デバイスに金属の配線や電極を接続する際には，整流性のないオーミック接続が望ましく，これらの実現のためにも接合の理解は重要となる。

本章では，物質の組合せ，すなわち接触や接合のメカニズムを理解することを通じてデバイス機能の理解に関する導入を行う。本章で学んだエネルギーバンド構造理論に関する知識をもとに，物質の接触，接合とそのデバイス機能への応用について述べる。

5.1　接触によるエネルギーバンド構造の変化

半導体デバイスを学ぶ入り口で必ず紹介される **pn 接合ダイオード**は，p 型半導体と n 型半導体を接合して構成している。物質（固体）を接触，接合させた界面状態を利用することにより，pn 接合は**整流機能**を生み出している。**図 5.1**（a）に pn 接合ダイオードの接合による構成を示した。図（b）にイメージ図および回路記号も併せて示している。左側のアノード端子側から右側のカ

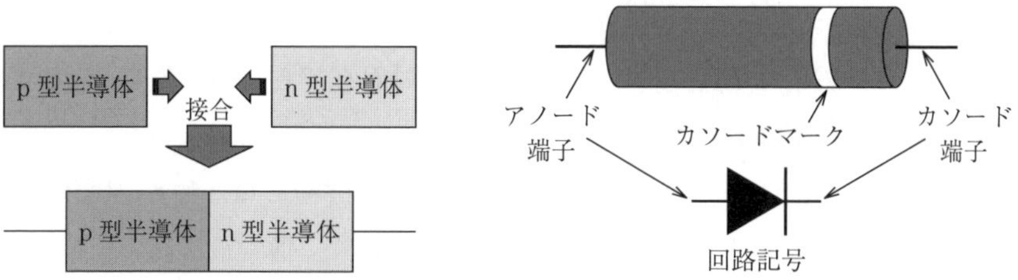

（a）　　（b）

図 5.1　pn 接合ダイオードの接合による構成

ソード端子側へ向かう方向が順方向という整流作用の方向となる。pn 接合は，受光素子であるホトダイオードや発光ダイオードなど光デバイスへの応用も多い。さらに，pn 接合構造に pnp や npn のようにさらに半導体を加えて組み合わせることにより，バイポーラトランジスタが開発され，増幅機能を実現している。MOS トランジスタは，その名称の通り，金属/酸化物（絶縁体）/半導体の組合せを用いて増幅機能やスイッチング機能を実現している。2 章で紹介した ISFET は MOS 構造を用いている。

物質の接触，接合によりデバイス機能を生み出すには，接触面となる表面の**エネルギー準位**の挙動の理解が重要となる。以下では，エネルギー準位と**準位**を同じ意味で用いる。エネルギーバンド構造には，3.7 節で学んだように上側の伝導帯と下側の価電子帯，両者の間の禁止帯または禁制帯がある（**図 5.2**）。3.7 節ですでに述べたように伝導帯の準位（底部）を E_C，価電子帯の準位（頂

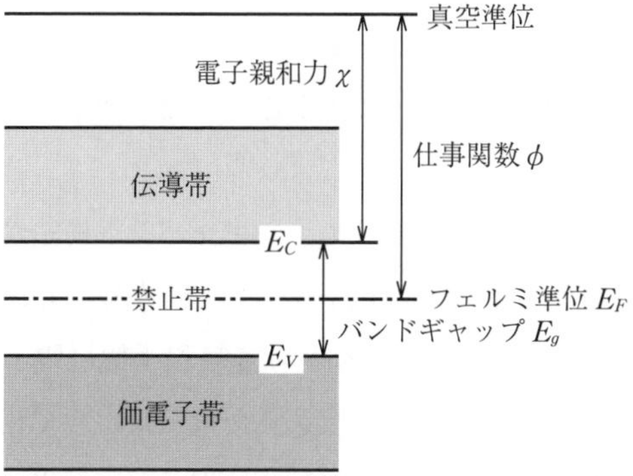

図 5.2　エネルギーバンド構造

部）を E_V，バンドギャップを E_g，両者の中間に位置するフェルミ準位を E_F と表現する。電子は E_C と E_V の間の禁止帯には存在できない。E_g は E_C と E_V の差である禁止帯の大きさを示している。

さらに**真空準位**について説明を加えておく。真空準位とは，物質（固体）中の電子が自由になるために必要な準位のことであり，通常最も高い位置にあり，ほかのエネルギー準位の基準として扱うことが多い。電界等の影響が無い場合，物質の真空準位は一致するとして扱うことになる。この真空準位を用いて，もう一つ重要なパラメータを導入する。真空準位と伝導帯の底の準位である E_C との差を**電子親和力**（electron affinity）χ と呼ぶ。電子親和力 χ は，物質間，特に接触，接合をしようとする物質の間の伝導帯に存在する電子のエネルギー準位を比較するのに有用である。後に，接合後の物質間の電子の移動を妨げる**エネルギー障壁**を考える際に用いることになる。

接触後の平衡状態では，接触する両物質のフェルミ準位は一致するようになる。真空準位を基準にしたそれぞれの物質のフェルミ準位（真空準位とフェルミ準位のエネルギー差）は，**仕事関数** ϕ と呼ばれている。エネルギーバンド構造において重要な物性パラメータである。接触する物質の仕事関数の大きさの関係によって，接触時の状況が変わる。両者の仕事関数差 $\Delta\phi$ も重要である。

対象物質の仕事関数が接触相手の物質の仕事関数よりも大きいとき，接触時に表面準位において表面近傍の電子が吸収される。一方，逆に小さいときには電子が放出される。接触する相手側の物質の物性すなわちエネルギーバンド構造によって，接触面におけるエネルギー準位およびエネルギーバンド構造が高い方に上がる（上側に曲がる）場合と低い方に下がる（下側に曲がる）場合がある。

まず接触面において，エネルギー準位およびエネルギーバンド構造が上側に曲がる場合について述べる。当該物質の伝導電子エネルギーが接触相手の物質の電子エネルギーよりも大きい場合，当該物質から接触相手側に電子が移動し，接触面における**表面準位**に吸収される。吸収された電子によって相手側の接触部には負の表面電荷が発生し，当該物質側接触部は電子が流れ出したことにより正に帯電する。この帯電によって，接触部付近の当該物質のエネルギー準位およびエネルギーバンド構造が上側に曲がる。接触相手が金属の場合，金属側の伝導体には電子が多数存在するため，エネルギーバンド構造に影響は出ないと考えられる。この表面準位が表面近傍から電子を吸収する場合の表面エネルギーバンド構造の形状について**図 5.3** に示す。

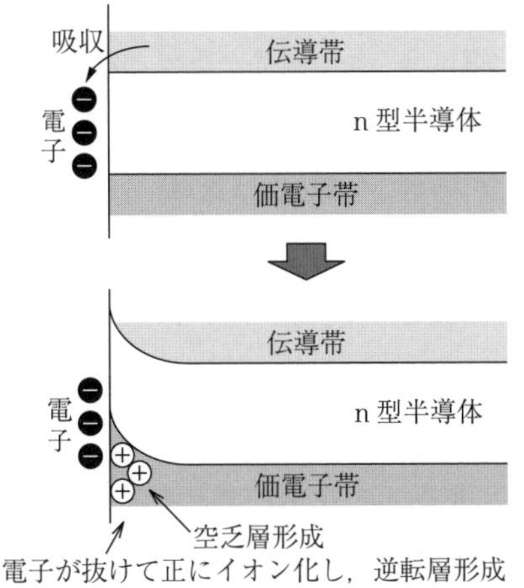

図 5.3　表面準位が表面近傍から電子を吸収する場合の表面エネルギーバンド構造の形状

図に示すように，吸収された電子と表面近傍の電子の間で静電的な斥力（クーロン力）が働き，近傍の電子は界面の電子が流出した領域に近づけず，空乏層が発生し，バンド構造は表面付近でエネルギーの高いほうへ上がる。クーロン力は距離の 2 乗に反比例するため，表面から離れるにつれて上がったバンド構造は下がっていき，元の準位に近づいていく。

一方，表面準位が電子を放出する場合の表面エネルギーバンドの形について**図 5.4** に示す。電子を放出した表面準位は等価的に正電荷が増えたことにな

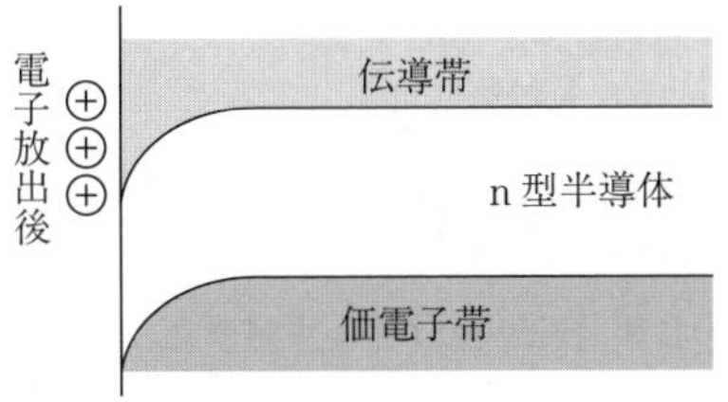

図 5.4　表面準位が表面近傍から電子を放出する場合の表面エネルギーバンドの形状

り，図5.3の場合と逆にバンド構造が界面に近づくに従って下がる形状をとる。キャリヤが電子ではなく正孔の場合も同様に，接触時に界面の表面バンド構造が上下に曲がる現象を考えることができる。

接触後の平衡状態では，接触する両物質のフェルミ準位は一致するようになる。その結果形成されたエネルギー障壁の高さをキャリヤの電荷 q を用いて qV_D と表した際の V_D を**拡散電位**と呼ぶ。この後ダイオードへのバイアス電圧の話題が出るが，その際にはこの拡散電位 V_D との関係が重要となる。

5.2　接合によるデバイス機能の実現

5.2.1　金属どうしの接合

異なる仕事関数をもつ2種類の金属A，Bの接触について考える。**図5.5**に金属Aと金属Bの接触時および接触後のエネルギー準位，エネルギーバンド構造の状態を示す。金属AとBのフェルミエネルギー準位 E_{AF} と E_{BF} は異なり，金属B側のほうが高い順位をもつ場合を考える。両者の差は仕事関数差 $\Delta\Phi$ になる。接触時には，フェルミ準位の高い金属B側の電子が接触相手の金属Aに移動し，接触後のフェルミ準位を等しくする。接触後，両者の仕事関

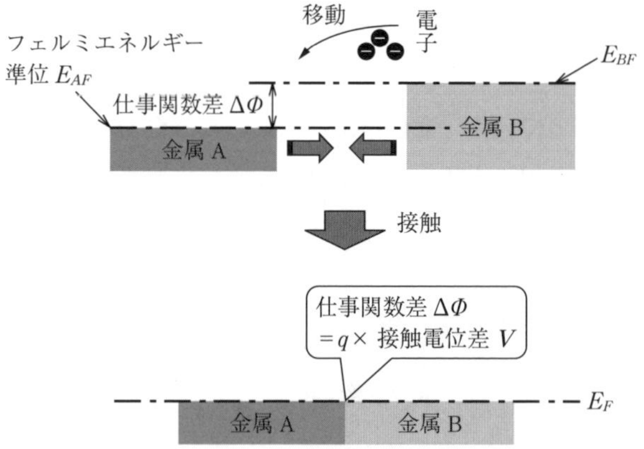

図5.5　金属どうしの接触前の状態，接触後のエネルギー準位，エネルギーバンド構造の状態

数差 $\Delta\Phi$ は，接触電位差 V となって現れる。

5.2.2　金属と半導体の接合によるショットキーダイオード

金属と半導体の接合について，半導体に配線や電極を施す場合は**オーミック接合**が求められる。一方**ショットキー接合**は，**ショットキーダイオード**の原理として知られている。前者のオーミック接合は，半導体とアルミニウム（Al）などの電極配線金属材料との接続において重要となり，アニーリング処理や半導体への高濃度不純物導入，干渉層の挿入などの技術が開発されている。本書では，デバイス機能の観点から金属と半導体の接合を取り上げ，以下ではショットキーダイオードのメカニズムであるショットキー接合を説明する。

図5.3，図5.4の説明において，接合接触表面において表面準位が物質の電子を吸収する場合と，物質に電子を放出する場合を考えた。金属と半導体の接触，接合で有名なショットキー接合を例に，表面準位からの電子の吸収，放出について説明する。

図5.6 に図5.3の場合に対応する金属とn型半導体の接触前および接触後の

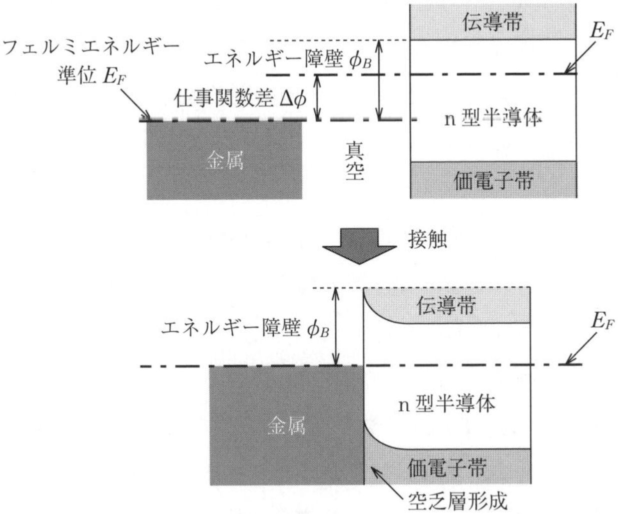

図5.6　金属とn型半導体の接触前の状態，接触後のエネルギー準位，エネルギーバンド構造の状態

エネルギー準位，エネルギーバンド構造の状態を示す。両者のフェルミエネルギー準位差は仕事関数差 $\Delta\phi$ になる。ショットキー接合の実現には，n 型半導体の仕事関数が金属の仕事関数より小さい必要がある。対して，n 型半導体の仕事関数が金属の仕事関数よりも大きい場合には，接触面に障壁ができないためオーミック接合となる。n 型半導体の仕事関数が金属のそれより小さい場合，両者を接触させると，フェルミ準位が金属よりも n 型半導体のほうが高いので，電子は n 型半導体から金属に流れる。この n 型半導体からの電子の流出移動が図 5.3 の説明における表面近傍からの電子吸収に相当する。金属に流れた電子は，接触部付近で吸収され，n 型半導体側は電子が減ったことにより接触部付近の n 型半導体中の不純物元素であるドナー（Si の場合は P 等）が正にイオン化，すなわち正に帯電し，電気二重層が形成される。金属側の負の表面電荷と n 型半導体側の空間電荷によって接触部付近により形成される領域を**空乏層**と呼ぶ。接触後フェルミ準位が一致すると平衡状態になり，図 5.6 の下側の接触後の状態になり，空乏層部分でエネルギー準位およびエネルギーバンド構造が上側に曲がる。この上側に曲がった分のエネルギー準位が，ショットキーダイオードの整流機能のためのエネルギー障壁となる。

金属側の電子の存在する準位は，真空準位を基準にすると金属の仕事関数 ϕ_M で表すことができる。一方，半導体側の電子の存在する伝導帯の準位は電子親和力 χ で表すことができる。これら ϕ_M と χ の差を ϕ_B とすると

$$\phi_B = \phi_M - \chi$$

となる。この Φ_B が接合後の物質間の電子の移動を妨げるエネルギー障壁の高さであり，ショットキーダイオードの場合は，この障壁は**ショットキーバリア**（schottky barrier）と呼ばれる。

後に学ぶ p 型半導体と n 型半導体の pn 接合では，n 型半導体から p 型半導体に流れ出る電子は，正孔を多数キャリヤとする p 型半導体にとっては少数キャリヤである。一方，金属は電子が多数キャリヤであるという違いがある。

つぎに，**図 5.7** に示す金属と p 型半導体の接触，接合について述べる。p 型半導体を用いてショットキー接合を実現する場合，n 型の場合とは逆に，その

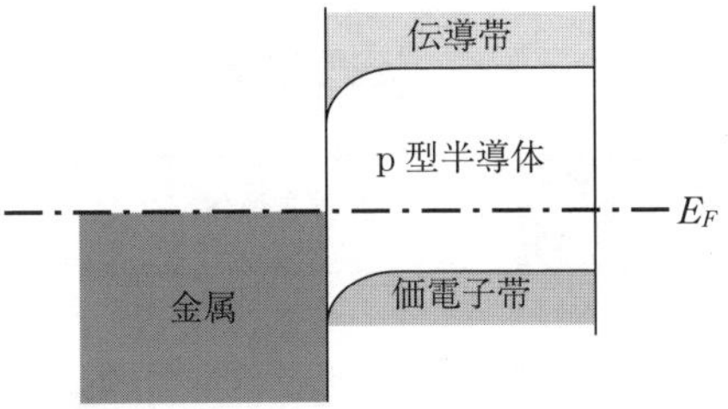

図 5.7　金属と p 型半導体の接触後のエネルギー準位，エネルギーバンド構造の状態

仕事関数が金属の仕事関数より大きい必要がある。p 型半導体の仕事関数が金属のそれよりも小さい場合には，接触面に障壁ができないためオーミック接合（接触）となる。p 型半導体の多数キャリヤは正孔あり，接触対象の金属の多数キャリヤは電子である。p 型半導体の仕事関数が金属のそれより大きい場合，両者を接触させると，金属のフェルミ準位のほうが p 型半導体のフェルミ準位よりも高いので，p 型半導体の接触部付近でエネルギー準位およびエネルギーバンド構造が下側に曲がる。この下側に曲がった分のエネルギー準位が，正孔の金属側への移動に対するエネルギー障壁となる。

このように金属と半導体を接触，接合して構成したショットキーダイオードについて，**図 5.8** に金属/n 型半導体，**図 5.9** に金属/p 型半導体のそれぞれのショットキーダイオードの動作を示している。

図 5.8 に示すように，金属/n 型半導体のショットキーダイオードにおいては，金属側の電位を n 型半導体よりも高くした場合にバイアス電圧は順方向となり電流が流れる。順方向電圧 V を印加した場合，キャリヤの電荷を q とすると，エネルギー準位が qV だけ上がるため，n 型半導体の電子のエネルギー準位が上がり，金属側に電子が移動しやすくなる。電流は金属側から半導体側へ流れる，この向きが順方向となる。順方向バイアスのときのエネルギー障壁の高さは，qV だけ減る。

逆方向にバイアス電圧 V を印加すると，エネルギー準位が qV 下がり，エネルギー障壁は qV だけ増えるため，平衡状態よりもさらに電子は接触面を越

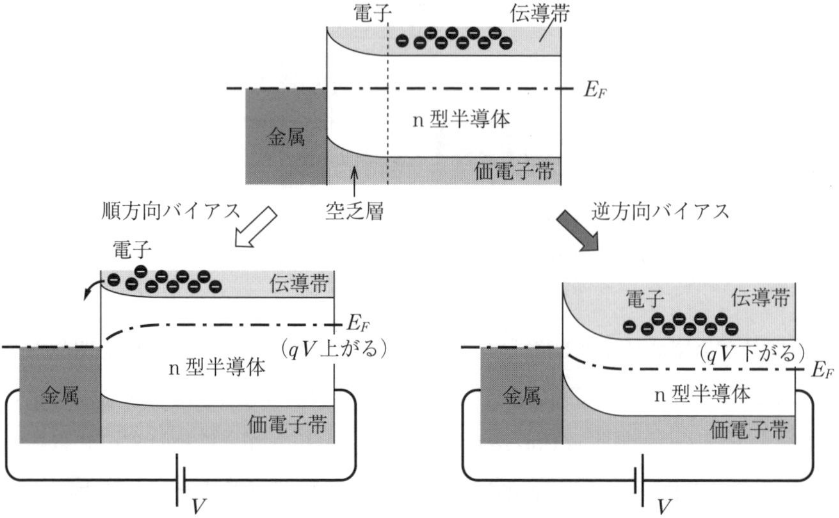

図 5.8　金属と n 型半導体のショットキーダイオードの動作

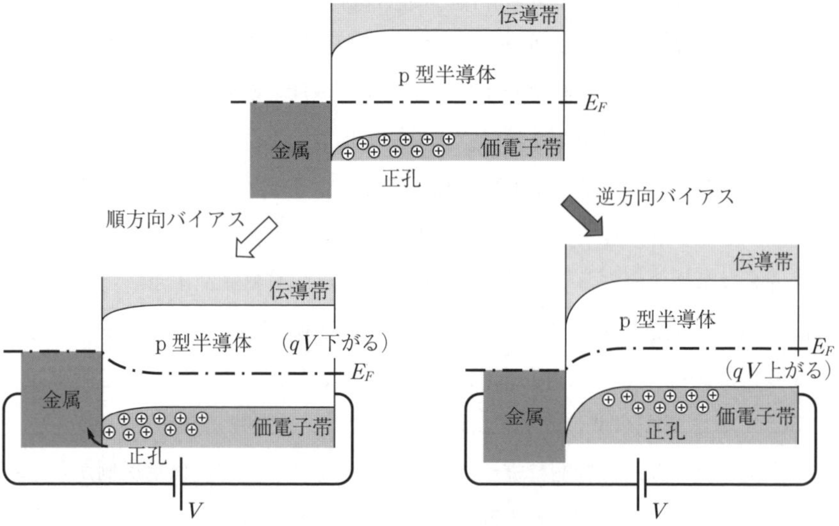

図 5.9　金属と p 型半導体のショットキーダイオードの動作

えた移動が困難となる。

図 5.9 に示すように，金属/p 型半導体のショットキーダイオードにおいては，p 型半導体側の電位を金属側よりも高くした場合にバイアス電圧は順方向

となり電流が流れる。順方向電圧 V を印加した場合，キャリヤの電荷を q とすると，エネルギー準位が qV だけ下がるため，p 型半導体の正孔のエネルギー準位が下がり，金属側に正孔が移動しやすくなる。逆方向にバイアス電圧 V を印加すると，エネルギー準位が qV 上がり，平衡状態よりもさらに正孔は移動が困難となる。

ショットキーダイオードの金属側には，モリブデン，プラチナ，タングステン等が用いられる。ショットキーダイオードは，その特性を活かし，高効率特性が求められる直流や交流のコンバータとして電源回路の二次側の整流用途に用いられている。

5.2.3 p 型，n 型半導体の接合による pn 接合ダイオード

つぎに，半導体どうしの接触，接合について学ぶことにする。整流機能で知られる pn 接合ダイオードは，p 型半導体と n 型半導体を接合した **pn 接合**（pn junction）を用いている。

図 5.10 に p 型半導体と n 型半導体の接触後のエネルギー準位，エネルギーバンド構造の状態を示す。

まず接触前の状態について述べる。E_C，E_V，E_F をそれぞれ，伝導帯の準位

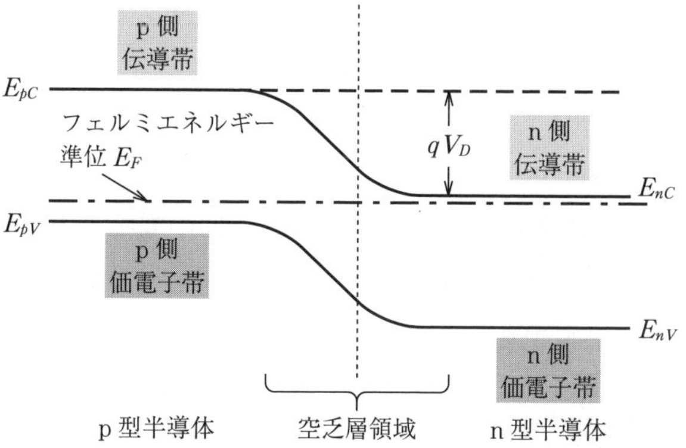

図 5.10 p 型半導体と n 型半導体の接触後のエネルギー準位，エネルギーバンド構造の状態（平衡状態）

(底部)，価電子帯の準位（頂部)，フェルミ準位とする。pおよびn型半導体の区別をする際には，さらにp，nを添え字に追記し，E_{pC}やE_{nC}のように準位を表すことにする。p型半導体では，フェルミ準位E_Fは価電子帯の頂部の準位E_V（E_{pV}）の近くにあり，n型半導体のフェルミ準位E_Fは伝導帯の底部の準位E_C（E_{nC}）の近くにある。

つぎに図5.10に示すように，p型半導体，n型半導体を接触，接合させると，両者のフェルミ準位は平衡状態において等しくなる。この過程において，両者の間でキャリヤの移動，拡散が発生している。p型半導体内の多数キャリヤである正孔は，接合面を通りn型半導体領域に拡散する。一方，n型半導体内の多数キャリヤの電子は，p型半導体領域に拡散する。拡散したキャリヤは，拡散領域の多数キャリヤと再結合する。結果，p型半導体の接合界面付近の領域は負に帯電（イオン化）し，n型半導体の接合界面付近の領域は正に帯電する。両者によって接合界面付近には空間電荷層による空乏層が形成される。空乏層の外側の領域は，電気的に中性のままである。p型半導体，n型半導体両者のキャリアのたがいへの拡散により，空乏層領域部分で両者のエネルギーバンド構造に差が生じ，p型半導体，n型半導体のフェルミ準位は平衡状態において等しくなっている。p型半導体，n型半導体の伝導帯の準位E_C（E_{pC}，E_{nC}）および価電子帯の準位E_V（E_{pV}，E_{nV}）のエネルギー差は，空乏層領域に生じる拡散電位V_Dに起因し，qV_Dとなる。拡散電位V_Dは，各半導体の電子密度の比に依存する。このqV_Dは先のショットキーダイオードのエネルギー障壁に相当する。

つぎに，**図5.11**に示すようにpn接合に順方向の電圧Vを印加する。エネルギー障壁は，$q(V_D-V)$に減る。またn側に対してp側に高い電位を与えるため，n側のフェルミ準位をp側に対して相対的にqVだけ上げることになる。平衡状態では等しかったp側のフェルミ準位E_{pF}とn側のフェルミ準位E_{nF}の間にもqV分のエネルギー差が発生する。電子は，エネルギーに関する電子密度分布に従って存在している。n型半導体の電子のエネルギーが全体としてqVだけ上がったとみなすことができる。この結果，n型半導体の伝導帯

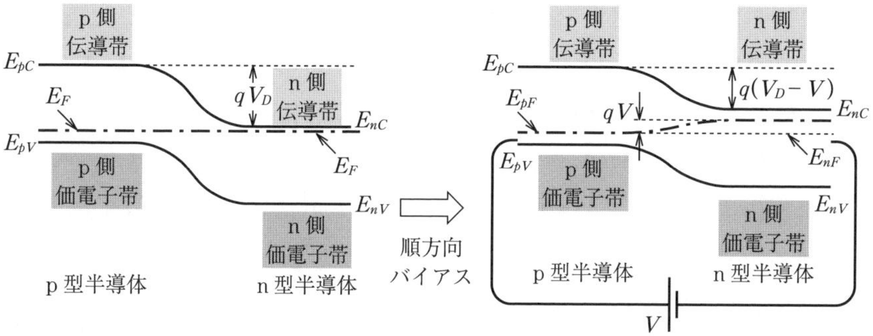

図 5.11　pn 接合ダイオードエネルギーバンド構造（順バイアス状態）

の電子のエネルギー密度分布の位置も全体的に上がり，p 型半導体の伝導帯の底の準位 E_C を越えるエネルギーをもつ電子の数が増えることになる。p 型半導体の正孔と n 型半導体の電子との間でつくられていたエネルギーに関する密度分布の平衡状態が崩れ，qV によりエネルギーを得た n 型半導体の電子が p 型半導体側に流れ出る。n 側の電子が n 側から p 側に流れる結果，電流が p 側から n 側に流れるため，このバイアス電圧 V の与え方を，**順方向バイアス**または**順バイアス**と呼んでいる。

対して**図 5.12** では，逆の方向に pn 接合に電圧 V を印加する。p 側が負極，n 側が正極となるため，p 型半導体の多数キャリヤである正孔，n 型半導体の多数キャリヤである電子は，それぞれ印加電極のある外側に引きつけられ，接合面から遠ざかることになる。図 5.12 に示すように，エネルギー障壁は，q

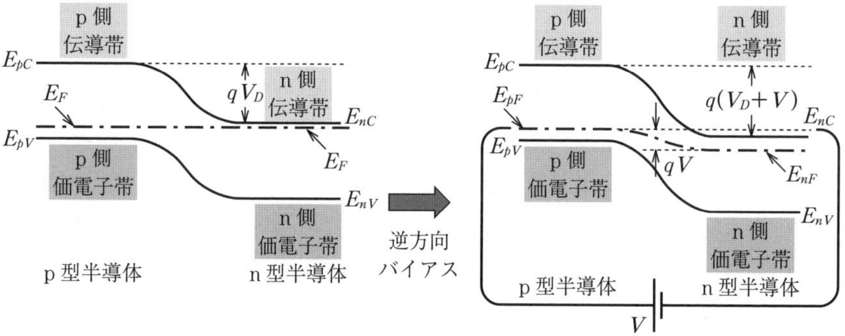

図 5.12　pn 接合ダイオードエネルギーバンド構造（逆バイアス状態）

（V_D+V）に増える。またp側に対してn側に高い電位を与えるため，p側のフェルミ準位をn側に対して相対的にqVだけ上げることになる。障壁が上がり，p型半導体の伝導帯の底の準位E_Cがn型半導体の電子のエネルギーに対してqVだけ上がったとみなすことができる。この結果，p型半導体の伝導帯の底の準位E_Cを越えるエネルギーをもつ電子の数は減るため，n側からp側への電子の流れもなくなり，電流は流れなくなるこのバイアス電圧Vの与え方を，**逆方向バイアス**または**逆バイアス**と呼んでいる。

pn接合界面の境界付近では，印加電圧により電荷が変化するため静電容量とみなすことができる。その容量は界面の電荷量と印加電圧の関係から求めることができる。順方向バイアスの場合，容量の2乗はV_D-Vに反比例することがわかっている。

さらに，pn接合構造にpnpやnpnのように半導体を加えて組み合わせることにより，バイポーラトランジスタが開発されている。バイポーラトランジスタに関してはこれまでに多くの書物が扱っているため，本書では割愛する。

5.2.4　金属/絶縁体/半導体の接合によるMOS構造

つぎに，もう少し複雑な物質の組合せを取り上げることにする。電気伝導性から，物質（固体）を導体，半導体，絶縁体に分類した。この3種類の物質をすべて用いた組合せで重要なデバイスが実現されているので取り上げることにする。金属/絶縁体/半導体の接合構造である。

MOSデバイスは，その名称の通り，金属/酸化物（絶縁体）/半導体の組合せを用いて**MOSダイオード**を実現，さらには**MOSトランジスタ**として増幅機能やスイッチング機能を実現している。金属部分の表面に物質を捕捉する等の機能性をもたせることにより各種センサへの応用も広がっている。MOS構造では，金属電極と半導体の間は酸化物で絶縁されているため，電流は流れない。MOSトランジスタは，金属側から電圧を印加し，電界を発生させて操作する電界効果トランジスタの一種である。MOSデバイスについても，接触界面近傍の半導体内の電子，正孔の流入出に伴うエネルギーバンドの上下の曲が

対応するエネルギーバンド構造の変化について説明する。

まず，金属ゲート電極にを正のゲート電圧 V_G を印加していく。図5.14の平衡状態では，p型半導体と金属のフェルミ準位は等しかった（図5.15（a））。バイアスのゲート電圧 V_G を印加すると，p型半導体のフェルミ準位が qV_G 分だけ高くなり，接触面におけるエネルギー準位およびエネルギーバンド構造が金属側の低いほうに下側に曲がる（図5.15（b））。このときp型半導体の接合界面付近では，正のゲート電圧による電界によって表面の正孔がp型半導体の内部に追いやられる。正孔が追いやられた後の領域には，アクセプタイオンが残り，空間電荷層による空乏層が形成される。ゲート電圧 V_G の正の値がそれほど大きくないときは，この現象に留まり，この状態を**空乏層状態**と呼んでいる。

さらにゲート電圧 V_G を大きくしていき，qV_G によってフェルミ準位がさらに高くなると，**図5.16**に示すように，p型半導体の接合界面付近のエネルギーバンド構造がn型半導体の状態になる。すなわち，禁止帯の中央値である真性状態の半導体のフェルミエネルギーとp型半導体のフェルミ準位の位置が逆転する状態である。接合せず独立したp型半導体のフェルミ準位は，真性状態の半導体のフェルミ準位よりも低い位置にある。

このように，p型半導体でありながら接合界面付近がn型状態になっている。さらにこのとき，p型半導体表面には，電子が集まり，電子の層によるn

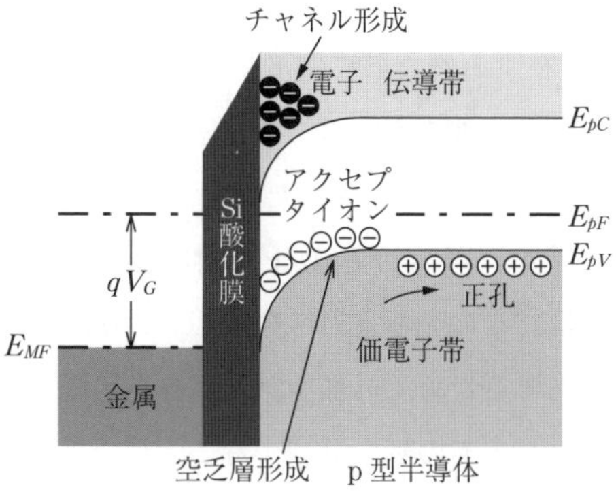

図5.16　反転層状態の形成

型の領域が形成される。この状態は**反転層状態**と呼ばれている。このn型の領域が，nチャネルと呼ばれるキャリヤの通り道である。nチャネルは，n型半導体のソース電極とドレーン電極をつなぎ，電流を流すことができるようになる。

p型半導体を用いたn型MOSではキャリヤとなる電子の移動に着目した。これに対して，p型MOSではn型半導体を用い，正孔の移動に着目し，同様にゲート電圧の印加による空乏層，反転層の形成に着目してその動作原理を考えることになる。

5.2.5　接合による各種デバイス機能

物質の組合せ，その接合によってさまざまな機能が得られることがわかった。物質内の電子の状態，エネルギー準位，エネルギーバンド構造を用いて，接合時の平衡状態，バイアス電圧等の外部制御因子による変化，そしてデバイス機能の実現について理解を進めた。接合デバイスの中でもpn接合の利用はダイオードにとどまらない。pn接合およびMOS構造について光，熱，さらには生化学分野と関係が深いイオンに関する応用をとりあげ，接合デバイスの発展性について述べる。

〔1〕 **光デバイス**　　まず光センサである受光デバイスの代表的な原理であるpn接合における光電流，光起電力の発生について述べる。**図5.17**を用いて説明する。pn接合に光を照射した際にキャリヤが生成され，電子正孔対が発生する。pn接合界面に存在する空乏層の電界により，発生した電子は多数キャリヤが電子であるn型半導体側に流れる（光電流の発生）。また正孔は正孔が多数あるp型半導体側に流れる。発生した電子，正孔対が分離移動した結果発生する電位差を**光起電力**（図5.17中のVに対応）と呼ぶ。光センサの**ホトダイオード**や太陽電池は，この光起電力を利用している。

光起電力は，照射光の量に比例するため，外部回路により光起電力自体やダイオード特性を測定することにより，光の量を計測することができる。ホトダイオードは，pn接合に逆方向電圧を印加して用いる。pn接合の逆バイアス時

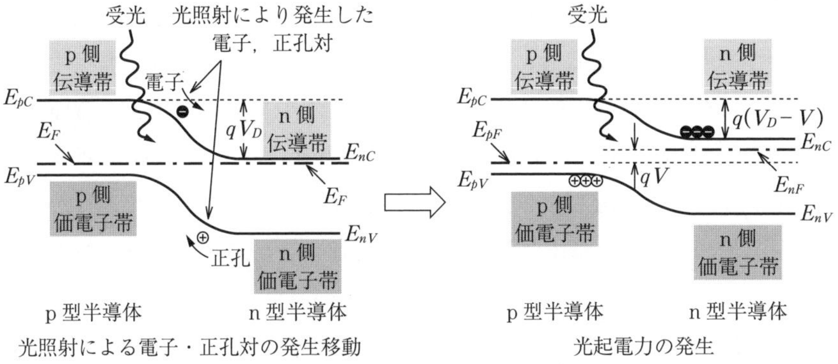

図 5.17　pn 接合における光起電力の発生

の電流—電圧特性において，光の照射利用による逆バイアス電流の増加が調べられる。接触，接合の観点から，ホトダイオードの中に，pn 接合の接合部に**真性半導体**（intrinsic semiconductor）を挿入した pn 接合を用いた pin ホトダイオードがある。通常の pn 接合における空乏層の領域を真性半導体を導入して広げることができる。p 型領域や n 型領域でもキャリヤは発生するが，空乏層と異なり電界がないため光起電力への寄与効率が高くない。そこで pn 接合では，接合部分を広くとり，光起電力に寄与するキャリヤ発生を増やしている。太陽電池の場合は，外部からのバイアス電圧を印加しないで用いる。

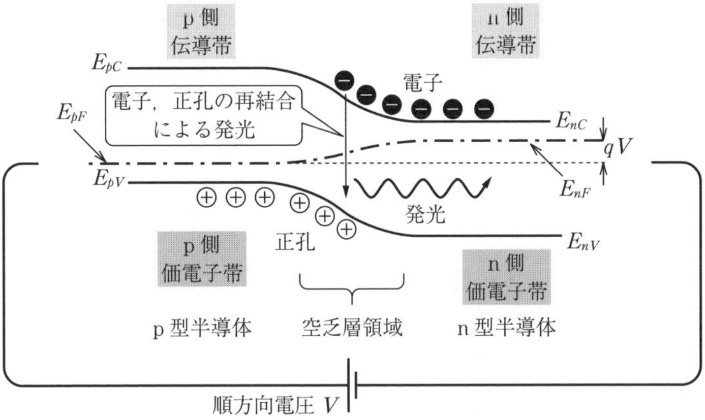

図 5.18　発光ダイオードの原理

つぎに発光デバイスの代表例として，**発光ダイオード**を紹介する。**図 5.18** を用いて説明する。pn 接合に順方向電圧を印加した際に空乏層で発生する再結合による発光を利用したデバイスである。このとき pn 接合を流れる順方向電流は発光のためのキャリヤを失う妨げになるため，リーク（漏れ）電流と呼ばれる。間接遷移である Si は，発光デバイスには不向きで，直接遷移が可能なⅢ－Ⅴ族の化合物半導体が用いられる。急速に普及が進む LED の技術とつながるメカニズムである。

〔2〕 **熱 デ バ イ ス**　　すでに熱による起電力の発生現象を**ゼーベック効果**として図 2.8 で紹介した。**図 5.19** のように計測部に p 型半導体を用い，両端に同種の金属を接触させて**ゼーベック素子**を構成する。半導体両端の金属の間に温度差 ΔT を与えると，起電力 V が発生する。**図 5.20** にこのときのエネルギーバンド構造の概要を示す。p 型半導体中のキャリヤである正孔の濃度は温度の高いほうで濃くなるため，エネルギー準位に勾配が発生する。半導体のフェルミ準位にも勾配が生じ，両端の金属のフェルミ準位は接触部の半導体のフェルミ準位と一致するため，温度差 ΔT に起因する差 ΔE が発生している。このエネルギー差を電位差 $V(=\Delta E/q)$ として計測したものが V となる。V は温度差 ΔT に比例する。同様に，n 型半導体を用いても実現できる。このように熱デバイスの動作の理解にも物質のエネルギー構造の理解は重要である。図 2.13 で紹介したペルチェ素子の動作も同様にエネルギー構造から理解する

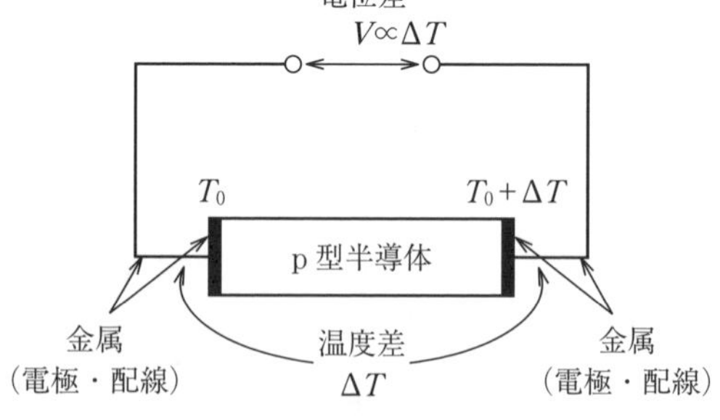

図 5.19　p 型半導体と金属の接触，接合による
ゼーベック素子の構成

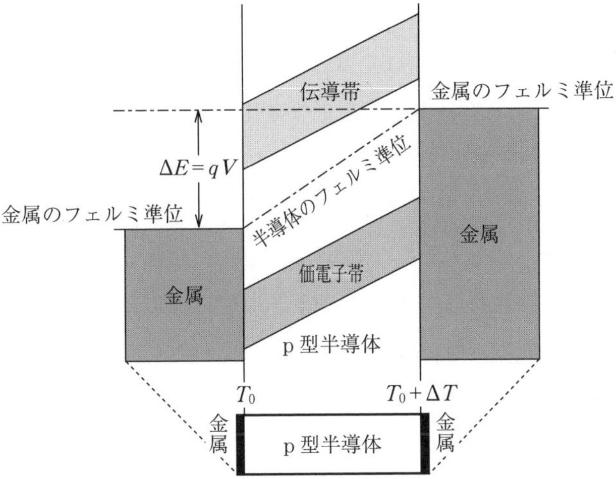

図 5.20　ゼーベック効果のエネルギーバンド構造モデル

ことができる。

〔3〕 **イオンセンサデバイス**　　すでに MOS 構造について学んだ。例えば，n チャネル MOS トランジスタのゲート電極に特定の物質に感応機能をもつ膜を用いると対象とする特定物質を検知するセンサになる。イオン感応膜を用いて実現されているのが ISFET と呼ばれる**イオンセンサ**である。2 章で pH センサの実例を紹介したが，その中にはこの ISFET が用いられていた。**図 5.21** に ISFET の構造を示す。n チャネル MOS トランジスタのゲート部分に**イオン感**

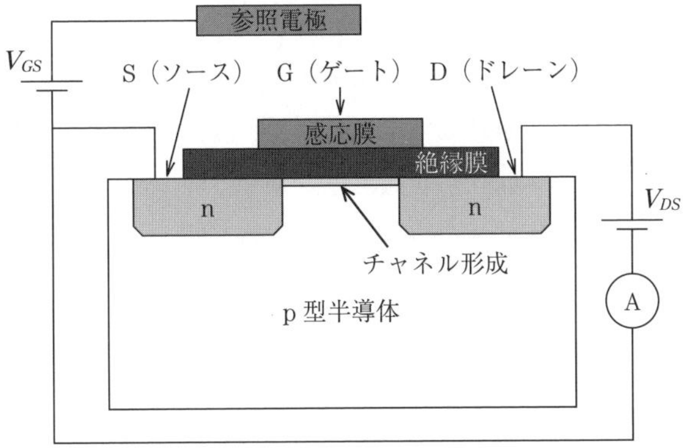

図 5.21　MOS 構造を用いた ISFET センサの構造

応膜が形成してある。pH センサの場合，水素イオンを計測する膜を用いている。例えばヒドロキシル基（OH^-基）を持つ Ta_2O_5 膜等を用いて水素イオン H^+ との平衡反応によるゲート表面の電位変化を利用する。水素イオンのほか，ナトリウムイオンやカリウムイオンにそれぞれ感応する材料を用いた各種 ISFET イオンセンサも開発されている。同様に酵素等の生化学系の物質に感応する材料をゲートに導入したセンサへの展開も活発になっている。

以上のように，物性特にエネルギー構造に関する知識は，物質の接触，接合によるデバイス機能の理解には重要である。超微細構造を可能とするナノテクノロジーがさらなる可能性を拓くことが期待される分野の一つである。MOS トランジスタのチャネルの厚さが量子薄膜となることから，電子の波動性が現れ，量子化されていることが明らかにされるなど，この分野の発展は続いている。原子スケールで膜厚を制御する量子ヘテロ構造への試みなど，新たな物性や機能の開拓が期待されている。

演　習　問　題

【5.1】 図 5.10 に示すように p 型半導体と n 型半導体を接合させた際に，界面では空乏層が発生し，エネルギー差が生じる。拡散電位 V_D に起因したエネルギーの障壁高さは qV_D となる。図 5.10 に対応させて，p 型半導体領域，空乏層領域，n 型半導体領域の電位分布と電界分布の様子を図示しなさい。

【5.2】 MOS 構造において，ゲート電圧の周波数に依存した特性が重要となる静電容量について考える。ゲート電極直下の状態に応じて静電容量が変化する。初期状態においては，酸化膜の誘電率 ε_{SiO_2} と厚さ t_{SiO_2} を用いて，静電容量 C は酸化膜部分の静電容量 C_{SiO_2} となり，単位面積当り

$$C = C_{SiO_2} = \frac{\varepsilon_{SiO_2}}{t_{SiO_2}}$$

と求まる。

ゲート電圧を印加して空乏層領域ができ，反転層状態になった際の単位面積当りの静電容量 C_d を空乏層領域の誘電率 ε_d と厚さ t_d を用いて求めなさい。さらに横軸にゲート電圧値をとり，MOS 構造の静電容量の概形をグラフで表現しなさい。

6

電磁気的物性と場，そしてデバイス機能へ

5章までは，物質に着目し，その性質である物性を主として扱ってきた。センサ・マイクロマシンに用いられる物質には，電気的な特性に着目すると導体，半導体，絶縁体の分類があった。センサやマイクロアクチュエータといったデバイス機能を可能にするには，デバイスに用いる物質の物性のみならず，デバイスが存在する場の役割が重要となる（図1.4参照）。ここまですでに紹介した光や熱を扱うデバイスも電磁波等の場との関係を利用していた。特にマイクロマシンの場合は，電磁気的な物性をデバイス機能に結びつけるために電磁場が活用されているものが多い。

本章では，電磁気的な物性として誘電体や磁性体の物性に着目し，電場や磁場といった場との関係について説明する。続いて，電磁場の形成とポテンシャルエネルギーの関係，さらには力の発生について述べる。力の発生は，マイクロアクチュエータの駆動力として重要である。静電型マイクロアクチュエータや圧電型マイクロアクチュエータの駆動原理に電場が用いられている。静電型，圧電型ともにセンサとしての利用も盛んであり，センサについても場と物性の関係を踏まえた事例について述べる。電磁モータなどのマクロなアクチュエータにおいて磁場は重要であるが，マイクロアクチュエータへの応用はスケール効果の観点から多くはない。センサに関しては特徴的な応用事例としてホール効果を用いたホールセンサをとりあげる。

6.1 電場と磁場

4章では物質のギブスの自由エネルギー G を用いて，力学系，電気系，磁気系，熱系に関する状態変換について述べた。その際，電束密度と電界，磁束密度と磁界の関係から，誘電率 ε，透磁率 μ をつぎのように求めることができた。

$$\varepsilon_{ij}=\frac{\partial D_i}{\partial E_j}=-\frac{\partial G}{\partial E_j\partial E_i} \tag{4.26 再掲}$$

$$\mu_{ij}=\frac{\partial B_i}{\partial H_j}=-\frac{\partial G}{\partial H_j\partial H_i} \tag{4.27 再掲}$$

これらの電磁場における状態変換関係について，**図 6.1** および**図 6.2** をスタートに電束密度と電界，磁束密度と磁界といった場の役割について考察することにする。

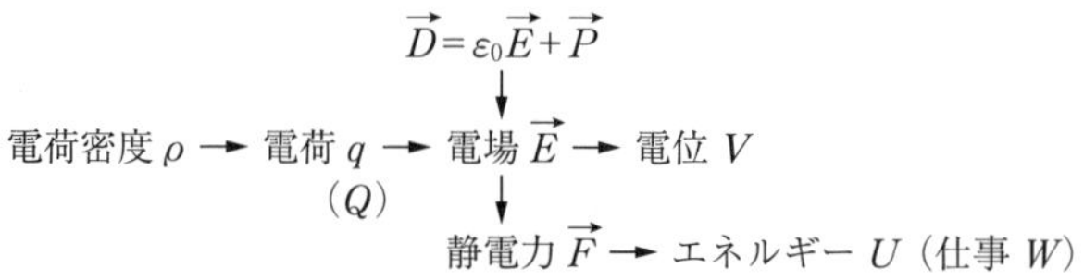

図 6.1　電場，誘電体における関係

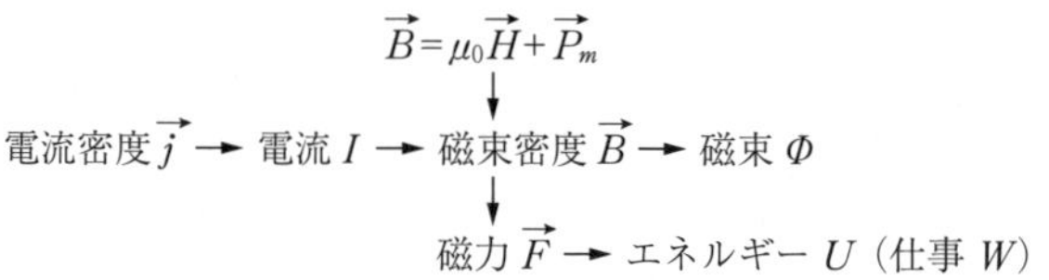

図 6.2　磁場，磁性体における関係

図 6.1 には電場，誘電体と力，エネルギー（仕事）に関する関係を示した。また図 6.2 には磁場，磁性体と力，エネルギー（仕事）に関する関係を示した。両図を通してもみられる両者の類似性，対応する関係は興味深い。

図 6.1 に示すように，誘電体中の**電束密度** $\vec{D}$ は**電界** $\vec{E}$ と**分極** $\vec{P}$ によって表すことできる。**電場**（電界）$\vec{E}$ は**電荷** q によって形成される。**電荷密度** ρ を積分したものが電荷 q となる。電場中のある位置における**静電ポテンシャル**である**電位** V は，電場 $\vec{E}$ から求めることができる。**静電力** $\vec{F}$ や静電力による**仕事** W を含め，詳しくは後述する。

図 6.2 には**磁場**を上述の電場と対応させた表現をしている。**磁束密度** $\vec{B}$ は**磁界** $\vec{H}$ と分極 $\vec{P}_m$ によって表すことができる。磁界 $\vec{H}$ は**電流** I によって形成される。**電流密度** j を積分すると電流 I となる。磁束密度 $\vec{B}$ は単位面積当りの磁束であることから磁束密度 $\vec{B}$ から**磁束** Φ を求めることができる。**磁力** $\vec{F}$ や

磁力のする仕事 W を含め，詳細は後述する。

電磁場中を運動する荷電粒子（電荷）が電磁場から受ける力を考える。

電界 $\vec{E}$，磁束密度 $\vec{B}$ の電磁場中を速度 $\vec{v}$ で運動する電荷 q が受けるローレンツ力は以下のように表すことができる。

$$\vec{F}=q(\vec{E}+\vec{v}\times\vec{B}) \tag{6.1}$$

$$=q\vec{E}+q\vec{v}\times\vec{B} \tag{6.2}$$

速度 $\vec{v}$ で運動する電荷 q を微小な長さ ds の線電流 I とみなし，ベクトル $\vec{ds}$ を用いると，クーロン力と電流に働く磁力の表現となる。

$$\vec{F}=q\vec{E}+I\vec{ds}\times\vec{B} \tag{6.3}$$

6.2　電　　　　場

6.2.1　誘電体と電場

すでに物質（固体）の電気伝導性について，原子中の電子状態，エネルギーバンド構造の観点から理解を深めてきた。電気伝導性に着目した場合，電気伝導率 σ〔S/m〕が小さく，電気抵抗率 ρ〔Ω cm〕が大きい物質を絶縁体と呼ぶ。また誘電率が高く，誘電性が大きいものを誘電体と呼ぶ。誘電体は分極しやすいため，電荷を蓄えやすい，圧電ひずみが発生しやすいなどの特性がみられる。

本章ではまず，マイクロマシンの静電容量型デバイスへの利用の観点から，電磁気的物性としての誘電性を静電場との関係から扱うことにする。静電場では，電場の時間変化がなく磁場もない場を想定する。誘電体と静電場の関係は，一般的な**コンデンサ**（**静電容量**）としての利用に加え，センサ・マイクロマシンの各種デバイスにおいても活用されている。すでに紹介した，可動構造を導入した静電容量型センサやマイクロアクチュエータへの利用，圧電性を有した圧電材料としてのセンサやマイクロアクチュエータへの利用についてさらに詳しく説明することにする。

まず，誘電体の物性と電場の関係について整理する。すでに図 6.1 では，真空中と誘電体中の電束密度と電界，分極の関係について述べた。真空中の誘電率を ε_0，誘電体中の誘電率を ε，比誘電率を ε_r，比分極率を χ とすると

$$\varepsilon=\varepsilon_r\varepsilon_0=(1+\chi)\varepsilon_0 \tag{6.4}$$

の関係がある。**図 6.3** に誘電体中の電場を真空中と併せて示している。誘電体中の誘電率 ε は誘電体中の分極の効果により真空中の誘電率 ε_0 に対して大きな値を示す。例えば，水の比誘電率 ε_r は 80 程度，ガラスでは 4 程度である。

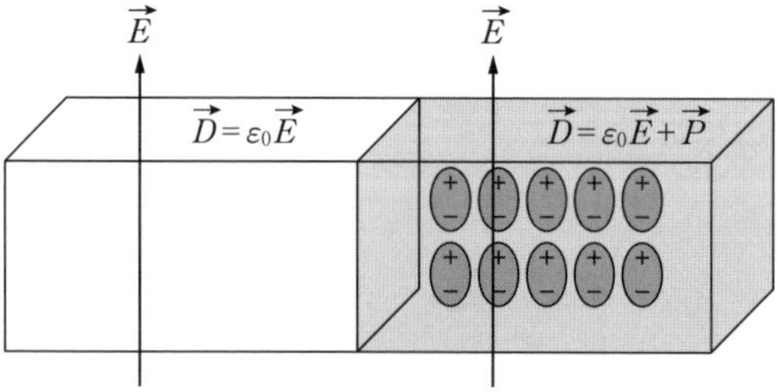

図 6.3　誘電体中の電場

真空中の電束密度は以下の式で表すことができる。

$$\vec{D}=\varepsilon_0\vec{E} \tag{6.5}$$

誘電体中では，電束密度は以下のようになる。

$$\vec{D}=\varepsilon_0\vec{E}+\vec{P} \tag{6.6}$$

したがって電場により発生した分極 $\vec{P}$ は比分極率 χ を用いて

$$\vec{P}=\varepsilon_0\chi\vec{E} \tag{6.7}$$

となり，さらに誘電体中の誘電率 ε を用いて

$$\vec{D}=\varepsilon\vec{E} \tag{6.8}$$

と表すことができる。本書では，誘電率として真空中の誘電率 ε_0 を使って説明する場合が多いが，誘電率 ε に置き換えた場の条件についても併せて考えると良い。

分極現象が半永久的に固定された誘電体として**エレクトレット**材料がある。分極処理の電界を除いても配向が固定されるため，発電デバイスへの応用が進んでいる。

6.2.2 電場のベクトル量による考察

電磁場を扱う電磁気学では，**ベクトル**を用いると便利である。一方でベクトルは方向と大きさを持っており，ベクトルどうしの演算などにベクトル解析の知識を要する。例えば，電界 $\vec{E}$ はベクトルであるが，電位 V は方向情報がなく，ベクトルではない。電位 V のように方向情報がなく，大きさのみの情報で扱う量は**スカラー**と呼ばれている。速度や力はベクトル量であるが，仕事やエネルギーはスカラー量である。

ベクトル量である電界 $\vec{E}$ とスカラー量である電位 V の関係は

$$\vec{E}=-grad\,V=-\nabla V=\left(-\frac{\partial V}{\partial x},-\frac{\partial V}{\partial y},-\frac{\partial V}{\partial z}\right) \tag{6.9}$$

で結び付けられる。静電力は，ベクトル量としてもスカラー量としても求めることができ，ベクトル量の大きさがスカラー量に相当する。

スカラー量の電位 V は，ベクトル量である電界 E の積分で求められ，電場中の点Aにおける電位 V は，点Aと無限遠点との電位差と考えることができる。

つぎに電場における静電力について**クーロンの法則**を取り上げる。クーロンCは電荷の単位に使われている。極性が同じ電荷どうしは反発し，極性が異なる電荷どうしは引き合う。このとき発生する斥力や引力をクーロン力という。

いま，二つの点電荷 q_1 と q_2 が距離 r 離れて存在するときに二つの点電荷間に働くクーロン力を求める。点電荷 q_2 が距離rにある点電荷 q_1 に及ぼす力は，距離 r の2乗に逆比例し，電荷 q_1 と q_2 に比例する。

まずベクトルで表現する。電荷 q_2 を基準にした電荷 q_1 の位置ベクトルを $\vec{r_{21}}$ とし，$\vec{r_{21}}$ 方向の単位ベクトルを $\vec{e_{21}}$ で表す。真空の誘電率 ε_0 を用いて，電荷 q_1 が電荷 q_2 から受ける力 $\vec{F_1}$ を求めると

$$\vec{F_1}=\frac{1}{4\pi\varepsilon_0}q_1q_2\frac{\vec{e_{21}}}{{r_{21}}^2}=\frac{1}{4\pi\varepsilon_0}q_1q_1\frac{\vec{r_{21}}}{{r_{21}}^3} \tag{6.10}$$

$\vec{F}=q\vec{E}$ に基づき，電場 $\vec{E}$ を求めると

$$\vec{E}=\frac{1}{4\pi\varepsilon_0}q_2\frac{\vec{e_{21}}}{{r_{21}}^2}=\frac{1}{4\pi\varepsilon_0}q_2\frac{\vec{r_{21}}}{{r_{21}}^3} \tag{6.11}$$

として，この電界 $\vec{E}$ が点電荷 q_1 に力 $\vec{F}=q_1\vec{E}$ を及ぼしていると理解することができる。得られた力の符号は，点電荷 q_1 と q_2 の符号に依存する。例えば，点電荷 q_1 の符号が正ならば電界 $\vec{E}$ と同じ方向に力が働き（斥力），符号が負ならば逆方向に働く（引力）。

いま，クーロンの法則においてクーロン力を与える場として電界 $\vec{E}$ を求めた。クーロン力の式の中に表現された電界 $\vec{E}$ を抽出したわけである。一方，電界 $\vec{E}$ は電荷 Q が形成する場であるという観点から，**ガウスの法則**から電界 $\vec{E}$ を求めることができる。$\vec{E}$ の法線成分である $\vec{E}_n$ の大きさ E_n を用いて

$$\int_S \varepsilon_0 E_n ds = Q \tag{6.12}$$

ガウスの法則では，定常な流れの中にある面 S（閉曲面）を通るフラックス（束）の量はわき出してくる総量に等しいとしている。電場では，面 S における法線成分の電束密度 $\vec{D}_n=\varepsilon_0\vec{E}_n$ がフラックス（束）に相当し，その総量である積分値が S のわき出し側にある電荷 Q の値に等しくなる。電荷分布が球対称や軸対称の対称性のある電荷分布の場合に有効な方法であり，後に事例を紹介することにする。以上ガウスの法則について述べたが，電界 $\vec{E}$ の大きさ E と電荷 Q の関係を積分を用いて表している。

つぎに，電界 $\vec{E}$ が対象とする閉曲面に垂直であるとして，微分を用いた表現を紹介する。電荷密度 ρ，ナブラ ∇ を用いて

$$\varepsilon_0 \nabla\cdot\vec{E}=\rho \tag{6.13}$$

$$\nabla\cdot\vec{E}=\frac{\rho}{\varepsilon_0} \tag{6.14}$$

と表すことができる。電位 V と電界 $\vec{E}$ の関係は

$$\vec{E}=-\nabla V=\left(-\frac{\partial V}{\partial x},-\frac{\partial V}{\partial y},-\frac{\partial V}{\partial z}\right) \tag{6.15}$$

であることから，以下の電位 V に関する**ポアソン方程式**へとつながる。

$$\nabla^2 V=\nabla(-\vec{E})=-\nabla\cdot\vec{E}=-\frac{\rho}{\varepsilon_0} \tag{6.16}$$

つぎに電位 V の扱いについて学んでおくことにする。電圧を意識した記号

Vの表現に加え，電位はポテンシャルの意味を有するため，記号Φを用いることも多い。

静電場の中で，単位電気量をもつ電荷を無限遠から点A（位置A）まで運ぶのに必要な仕事をA点の電位と呼ぶ。電界$\vec{E}$に抗して外力$\vec{F}=-\vec{E}$を電荷に加えると，電荷を$\vec{ds}$だけ動かす際に外力$\vec{F}$がする仕事は

$$\vec{F}\cdot\vec{ds}=-\vec{E}\cdot\vec{ds} \tag{6.17}$$

であり，A点の電位V_Aは以下のように表すことができる。

$$V_A=\int_{\infty}^{A}\vec{F}\cdot\vec{ds}=-\int_{\infty}^{A}\vec{E}\cdot\vec{ds}=\int_{A}^{\infty}\vec{E}\cdot\vec{ds} \tag{6.18}$$

例として，点電荷qがつくる電位について考える。点電荷qから距離$r=a$の点Aの電位V_aは

$$V_a=-\int_{\infty}^{a}\vec{E}\cdot\vec{ds}=-\int_{\infty}^{a}\frac{q}{4\pi\varepsilon_0 r^2}\,dr=\frac{q}{4\pi\varepsilon_0 a} \tag{6.19}$$

と求まる。

6.2.3　電場のスカラー量による考察

ここまでベクトル量である電界$\vec{E}$を中心に電場を考察してきた。一方，スカラー量であるコンデンサの容量Cは，電荷Qと電位Vを以下の簡単な関係で結びつけることができる。電荷Qと電位Vもスカラー量である。

$$Q=CV \tag{6.20}$$

つぎに，スカラー量を用いて電場を考察する。

ガウスの法則について，電荷分布が球対称や軸対称の対称性のある電荷分布の場合について，事例を用いて理解を深めておくことにする。

平行平板，さらに球面の場合について事例をみておくことにする。**図6.4**のように，間隔dで平行に置かれた二枚の無限に広い平面の上に，それぞれ面密度$+\sigma$および$-\sigma$で電荷が一様に分布している。このとき形成される電場を考える。

まずそれぞれの平面がつくる電場を求め，二枚の平面による電場を重ね合わ

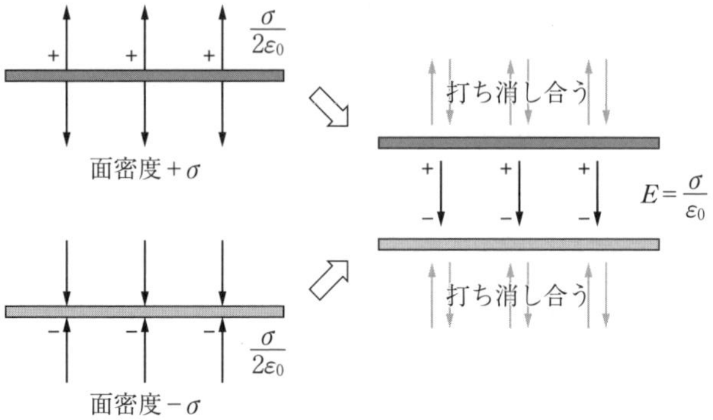

図 6.4　平行な平面のつくる電場

せることにする。図のように面電荷密度 $+\sigma$ の平面からは，平面から対称に面の両側に $\sigma/2\varepsilon_0$ のわき出し（フラックス）を考えることができ，これが電場となる。一方，面電荷密度 $-\sigma$ の平面からは，図のように面の両側へ対称に平面に $\sigma/2\varepsilon_0$ の吸い込み（フラックス）を考えることができ，これが電場となる。

これらを重ね合わせると，二枚の平面間では面電荷密度 $+\sigma$ の平面から面電荷密度 $-\sigma$ の平面に σ/ε_0 の一様な電場が形成される。一方，平面の外側では，向きの異なる $\sigma/2\varepsilon_0$ の電場が打ち消し合って電場は形成されない。このようにして平行平板コンデンサの電場は形成される。

いま，平面の面積を S とし面電荷密度 $+\sigma$，$-\sigma$ の平面上の電荷をそれぞれ $+Q$ $(=+\sigma\times S)$，$-Q$ $(=-\sigma\times S)$ とする。平面間間隔が d であるから，平面間の電位差 V は

$$V=\frac{\sigma}{\varepsilon_0}d=\frac{Q}{\varepsilon_0 S}d \tag{6.21}$$

と求まる。$C=Q/V$ より C を求めると

$$C=\frac{\varepsilon_0 S}{d} \tag{6.22}$$

と求まる。

つぎに**図 6.5** のような球体の場合を考えることにする。

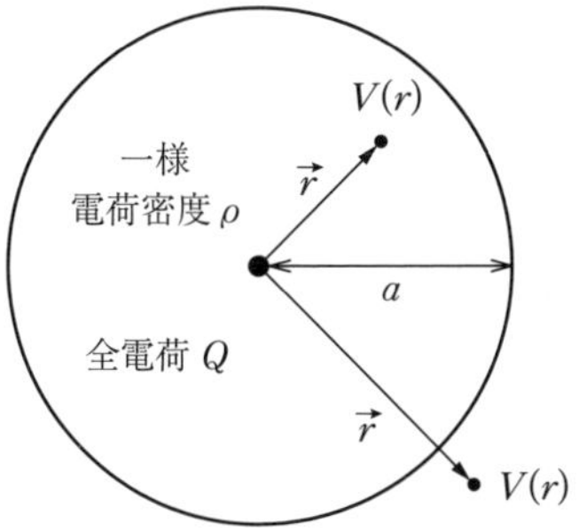

図 6.5　球体の電場

一様な電荷密度 ρ で帯電した半径 a の球がある。$\vec{r}$ を球の中心を原点とするベクトルとし，その大きさを r とする。まず，球の体積を電荷密度に掛けて全電荷 Q を求めると以下のようになる。

$$Q=\frac{4\pi}{3}a^3\rho \tag{6.23}$$

つぎに，半径 r の球は全電荷 Q の $(r/a)^3$ の電荷を有し，その表面積が $4\pi r^2$ であることから，球の内側の電場における電界は以下のように表すことができる。$\vec{e_r}$ は，$\vec{r}$ 方向の単位ベクトルであり，球面に垂直な法線成分を表すために添え字 n を用いている。

$$\overrightarrow{E_n}=\frac{Q}{4\pi\varepsilon_0}\left(\frac{r}{a}\right)^3\frac{\vec{e_r}}{r^2}=\frac{\rho}{3\varepsilon_0}\vec{r} \tag{6.24}$$

一方，球の外側の電場における電界は以下のようになる。

$$\overrightarrow{E_n}=\frac{Q}{4\pi\varepsilon_0}\frac{\vec{e_r}}{r^2}=\frac{Q}{4\pi\varepsilon_0}\frac{\vec{r}}{r^3}=\frac{\rho}{3\varepsilon_0}\left(\frac{a}{r}\right)^3\vec{r} \tag{6.25}$$

ここに，球表面はおのおのの式に $r=a$ を代入すれば同じ結果となる。

つぎにこの一様な電荷密度 ρ で帯電した半径 a の球について，その内外の電位分布を考える。$\vec{ds}$ は積分経路に沿った微小なベクトルとする。球の外側の中心から距離 r の位置の電位 $V(r)$ は

$$V(r)=\int_r^\infty \vec{E}\cdot\vec{ds}=\frac{Q}{4\pi\varepsilon_0}\frac{1}{r} \tag{6.26}$$

となる。球内の中心からの距離 r の位置では

$$V(r) = \int_r^a \vec{E} \cdot d\vec{s} + \frac{Q}{4\pi\varepsilon_0}\frac{1}{a} \tag{6.27}$$

$$= \frac{Q}{8\pi\varepsilon_0 a}\left\{3 - \left(\frac{r}{a}\right)^2\right\} \tag{6.28}$$

となる。

先に，二枚の平行な平面のつくる空間が平行平板コンデンサとなることを述べた。平行平板以外のさまざまな表面形状電極のコンデンサについても，電極が形成する微小位置区間における微小静電容量を積分することにより静電容量を求めることができる。さらに，**球形のコンデンサ**を考えることもできる。

図 6.6 に示すように，半径 a および b（$a < b$）の同心球殻の導体から構成された球形のコンデンサを考える。内側の球に q_a，外側の球に q_b の電荷を与えた場合，形成される電場および電位を求め，さらにはコンデンサの静電容量を求めることにする。

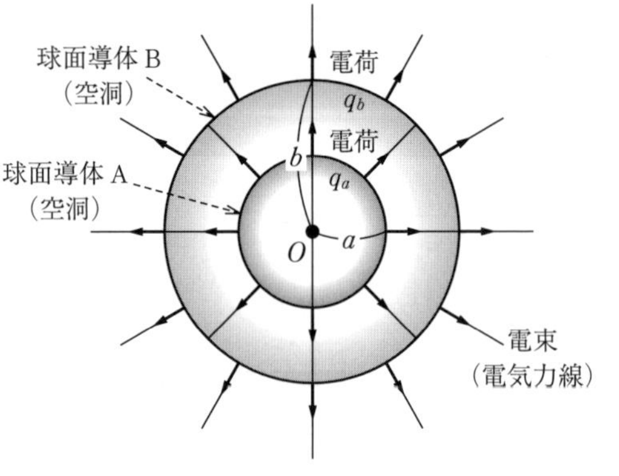

図 6.6　球形コンデンサ

まず電場について考える。球面上に一様に分布した電荷 q は，球内には電場を作らず，球の外側において外向きに大きさ

$$E(r) = \frac{q}{4\pi\varepsilon_0}\frac{1}{r^2} \tag{6.29}$$

の電界を作るため，内外の球上の電荷 q_a，q_b が作る電場の重ね合わせにより電場の分布を求めることができる。

内球の q_a が球の外側に向けて作る電界の大きさは

$$E_a(r) = \frac{q_a}{4\pi\varepsilon_0}\frac{1}{r^2} \tag{6.30}$$

となり，外球の q_b が球の外側に向けて作る電界の大きさは

$$E_a(r) = \frac{q_b}{4\pi\varepsilon_0}\frac{1}{r^2} \tag{6.31}$$

となる。これらの電界による電場を重ね合わせると，球形コンデンサの内側から外側に向けて以下の大きさの電界が作られる。

$$E(r) = 0 \qquad (r < a) \tag{6.32}$$

$$E(r) = \frac{q_a}{4\pi\varepsilon_0}\frac{1}{r^2} \qquad (a < r < b) \tag{6.33}$$

$$E(r) = \frac{(q_a + q_b)}{4\pi\varepsilon_0}\frac{1}{r^2} \qquad (b < r) \tag{6.34}$$

と求まる。つぎに電位を求めると，外球の電位 V_b は以下のようになる。

$$V_b = \int_b^\infty \vec{E}\cdot d\vec{s} = \frac{(q_a + q_b)}{4\pi\varepsilon_0}\frac{1}{b} \tag{6.35}$$

内球の電位 Va は

$$V_a = \int_a^b \vec{E}\cdot d\vec{s} + V_b \tag{6.36}$$

となり，計算を進めると

$$\begin{aligned} V_a &= \frac{q_a}{4\pi\varepsilon_0}\left(\frac{1}{a} - \frac{1}{b}\right) + V_b = \frac{q_a}{4\pi\varepsilon_0}\left(\frac{1}{a} - \frac{1}{b}\right) + \frac{(q_a + q_b)}{4\pi\varepsilon_0}\frac{1}{b} \\ &= \frac{1}{4\pi\varepsilon_0}\left(\frac{q_a}{a} + \frac{q_b}{b}\right) \end{aligned} \tag{6.37}$$

と求まる。これで球形コンデンサの各電極の電位が求められたので，つぎにコンデンサの静電容量について考えることにする。いま，電荷 q_a, q_b をそれぞれ Q および $-Q$ とする。内外球の電位差 V は

$$V = V_a - V_b = \frac{Q}{4\pi\varepsilon_0}\left(\frac{1}{a} - \frac{1}{b}\right) \tag{6.38}$$

となり，$C = Q/V$ より C を求めると

$$C=\frac{4\pi\varepsilon_0}{\dfrac{1}{a}-\dfrac{1}{b}} \tag{6.39}$$

と求まる。

以上，平行平面と球面について，電場（電界）から電位そして電位差を求め，コンデンサの容量を求める事例を述べた。

さらに電場のエネルギーについて説明する。コンデンサに蓄えられる静電エネルギーに着目する。容量 C のコンデンサの電極に電荷 $\pm Q$ が分布し，電極間の電位差 V のとき，この状態を作るために要した仕事がコンデンサに蓄えられている静電エネルギー U となる。横軸に電荷 Q，縦軸に電位差 V をとったグラフを考える。いま，コンデンサに蓄えられた電荷 Q とこのときの電位差 V の状態点に対して，原点からの右肩上がりの線を引くことができる。この線の下側の横軸 Q 軸と間の領域の面積が電荷 Q および電位差 V の状態をつくるために要した仕事となる。この仕事が，静電エネルギーとしてコンデンサに蓄えられていると考えられ，以下のように求められる。

$$U=\frac{CV^2}{2} \tag{6.40}$$

コンデンサの状態点と原点との間の線が直線の場合，領域は三角形となり，以下のように静電エネルギーを求めることができる。

$$U=\frac{QV}{2}=\frac{CV^2}{2}=\frac{Q^2}{2C} \tag{6.41}$$

また電場のエネルギー密度 $(\varepsilon_0 E^2)/2$ の体積積分からも静電エネルギーを求めると，電界 $\vec{E}$ の大きさ E を用いて以下のように求められる。

$$U=\int\frac{\varepsilon_0 E^2}{2}dV \tag{6.42}$$

電場（電界）のエネルギーが求まると，場に働く力を求めることができる。静電型マイクロアクチュエータの機能を可能にする電場における力に関する考察は，6.3 節において詳しく扱うことにする。

電荷 q_1，q_2 が距離 r 離れて存在するときに働く静電力 F_E を求めると（空間

誘電率は ε_0 とする）

$$F_E=\frac{1}{4\pi\varepsilon_0}\frac{q_1q_2}{r^2} \tag{6.43}$$

この結果は，前述のクーロン力に関するベクトル表現のスカラー表現であり，

この式から，1C の二つの点電荷が距離 1 m 離れて存在するときに働く力は $1/4\pi\varepsilon_0$〔N〕となり，真空中では 9×10^9 N となる。

以上，電界ベクトル $\vec{E}$ を用いてクーロン力ベクトル $\vec{F_1}$ を求めることができることを述べた。

$$\vec{F_1}=\frac{1}{4\pi\varepsilon_0}q_1q_2\frac{\vec{e_{21}}}{{r_{21}}^2}=\frac{1}{4\pi}\varepsilon_0q_1q_1\frac{\vec{r_{21}}}{{r_{21}}^3} \tag{6.10 再掲}$$

さらに，電界ベクトル $\vec{E}$ の大きさ E で表すことができるエネルギー密度を用いて静電エネルギーを求めることができることを述べた。

$$U=\int\frac{\varepsilon_0E^2}{2}dV \tag{6.42 再掲}$$

一方で，ベクトル量である電界ベクトル $\vec{E}$ を用いずにコンデンサの値を用いて静電エネルギーを求めることについても述べた。

$$U=\frac{QV}{2}=\frac{CV^2}{2}=\frac{Q^2}{2C} \tag{6.41 再掲}$$

6.3　静電場による発生力

静電マイクロアクチュエータの駆動力について考えることにする。静電マイクロアクチュエータは，電極間に働く静電力を駆動力として用いている。ここでは，この静電力を求める手法について学ぶことにする。

まずスカラー量を用いて，電場（電界）のエネルギーから場に働く力を求める手法を学ぶ。

まずは，平行平板コンデンサの対向する電極どうしが垂直に引き合う場合を考える。このとき働く静電力を**垂直静電力**と呼ぶことにする。後に，平行配置された電極どうしが水平方向に力を及ぼし合う**水平静電力**についても学ぶ。

図 6.7 のように平行平板コンデンサに，電源 V で充電後，電源を切り離す設定を考える。系全体の静電容量を C とし，コンデンサ C に蓄えられる電荷を Q とする。電源をつないでいないことから，電荷 Q は一定となる。電極を dx 動かすことにより C が変化するため，Q が一定の場合は電極間電位差 V も変化する。したがって，以下では一定である Q を用いて表すことする。

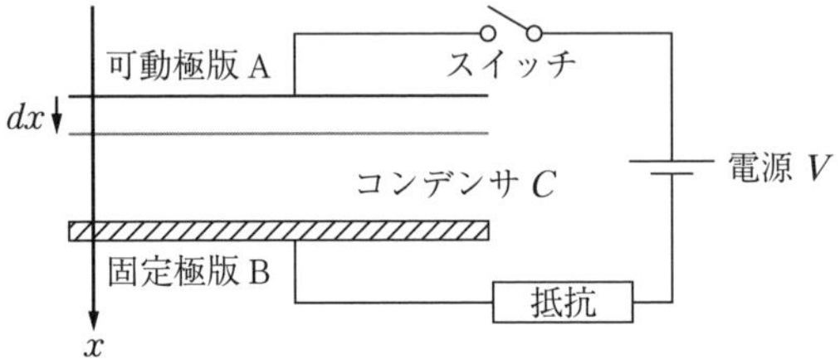

図 6.7　電源を接続していないコンデンサに働く力
（仮想変位の法則）

電界のエネルギー U_E は

$$U_E = \frac{CV^2}{2} = \frac{Q^2}{2C} \tag{6.44}$$

静電力 F_x が働いている電荷が dx 動いた場合の電界のエネルギー U_E の変化量を dU_E とする。添え字の x は，x 軸に沿って働くことを表している。

$$dU_E = d\left(\frac{Q^2}{2C}\right) \tag{6.45}$$

このときのエネルギー保存則は，機械的仕事 $F_x dx$ と電場のエネルギー dU_E により

$$dU_E + F_x dx = 0 \tag{6.46}$$

となる。これより静電力 F_x はつぎのように求まる。

$$F_x = -\frac{dU_E}{dx} = -\frac{d\left(\dfrac{Q^2}{2C}\right)}{dx} = -\frac{Q^2}{2}\frac{d\left(\dfrac{1}{C}\right)}{dx} = \frac{Q^2}{2C^2}\frac{dC}{dx} \tag{6.47}$$

この手法は，仮想変位，仮想仕事を用いて力を求めており，ベクトルを用いずスカラーである静電容量 C を用いている。

さて，具体的に平行平板コンデンサを例に上記の結果を適用して，静電力を

求めてみることにする。電源をつなげない場合を考える。いま，平板電極の面積 S，電極間距離 x のコンデンサ C に電荷 $+Q$，$-Q$ が蓄えられている。

静電容量 $C=\varepsilon_0(S/x)$　より

$$F_x=-\frac{dU_E}{dx}=-\frac{d\left(\dfrac{Q^2}{2C}\right)}{dx}=-\frac{Q^2}{2}\frac{d\left(\dfrac{x}{\varepsilon_0 S}\right)}{dx}=-\frac{Q^2}{2\varepsilon_0 S} \tag{6.48}$$

のように静電力 F_x を求めることができる。

つぎに比較のために，$\vec{F}_x=Q\vec{E}_x$ を用いてベクトルを用いる手法についても記しておく。静電力の導出には電界 $\vec{E}_x$ を用いるが，両電極による電界を重ね合わせた電界 $\vec{E}$ とは異なることに注意が必要である。片方の電極がもう片方の電極の位置につくる電界 $\vec{E}_x$ の大きさ E_x は，表面電荷密度が $\sigma=Q/S$ であることから，符号によってベクトルの方向を表すと

$$E_x=-\frac{\sigma}{2\varepsilon_0}=-\frac{Q}{2\varepsilon_0 S} \tag{6.49}$$

となり，$\vec{F}_x=Q\vec{E}_x$ に従い

$$F_x=QE_x=-\frac{Q^2}{2\varepsilon_0 S} \tag{6.50}$$

と求まる。

つぎに，コンデンサ C に電源 V を接続したままにする設定を考える（**図6.8**）。コンデンサ C に蓄えられる電荷を Q とする。V を固定した場合，電極を動かすと C が変化するため，Q も変化する。さて，このときのエネルギー保存則は，機械的仕事 $F_x dx$ と電界のエネルギー dU_E に加えて，電源による仕

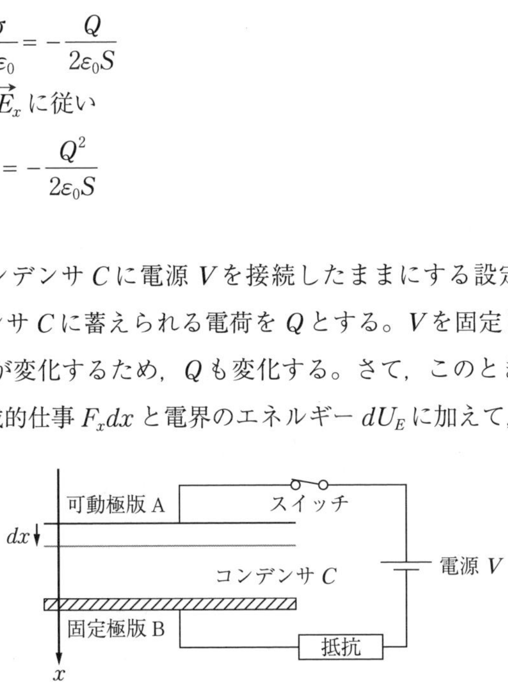

図6.8　電源を接続したコンデンサに働く力（**仮想変位の法則**）

事がもたらすエネルギー変化量 dW_V が加わる。

$$dW_V + dU_E + F_x dx = 0 \tag{6.51}$$

まず電場（電界）のエネルギーの変化量 dU_{E} は電源電圧 V を用いて以下のようになる。

$$dU_E = d\left(\frac{CV^2}{2}\right) = \frac{V^2}{2}dC \tag{6.52}$$

また，電源による仕事 dW_V は

$$dW_V = -VdQ = -Vd(CV) = -V^2dC \tag{6.53}$$

となる。したがって，エネルギー保存の式は

$$-V^2dC + \frac{V^2}{2}dC + F_x dx = 0 \tag{6.54}$$

となる。これより静電力 F_x は以下のように求まる。

$$F_x = \frac{d\left(\dfrac{CV^2}{2}\right)}{dx} = \frac{V^2}{2}\frac{dC}{dx} \tag{6.55}$$

仮想変位，仮想仕事を用いて力を求めており，ベクトルを用いずスカラーである静電容量 C を用いて求めることができた。

図6.8のように電源を接続した場合についても，具体的に平行平板コンデンサを例に上記の結果を適用して，静電力を求めてみる。いま，平板電極の面積 S，電極間距離 x のコンデンサ C に外部直流電源 V が接続されている。

静電容量 $C = \varepsilon_0(S/x)$　より

$$F_x = \frac{dU_E}{dx} = \frac{d\left(\dfrac{CV^2}{2}\right)}{dx} = \frac{V^2}{2}\frac{d\left(\dfrac{\varepsilon_0 S}{x}\right)}{dx} = -\frac{V^2}{2}\frac{\varepsilon_0 S}{x^2} \tag{6.56}$$

$$\therefore\quad F_x = -\frac{V^2}{2}\frac{\varepsilon_0 S}{x^2} \tag{6.57}$$

のように静電力 F_x を求めることができる。静電力 F_x が V^2 に比例することがわかる。いま $V = Q/C$ であることから，F_x を Q を用いて表すと

$$F_x = -\frac{V^2}{2}\frac{\varepsilon_0 S}{x^2} = -\frac{Q^2}{2}\frac{\varepsilon_0 S}{C^2 x^2} = -\frac{Q^2}{2\varepsilon_0 S} \tag{6.58}$$

比較のために，$\vec{F}_x = Q\vec{E}_x$ を用いてベクトルを用いる手法についても述べる。静電力の導出には電界 E_x を用いるが，両電極による電界を重ね合わせた電場の電界 E とは異なることに注意が必要である。片方の電極がもう片方の電極の位置につくる電界 $\vec{E}_x$ の大きさ E_x は，表面電荷密度 $\sigma = Q/S$ であることから，$Q = CV = \varepsilon_0 SV/x$ より

$$E_x = -\frac{\sigma}{2\varepsilon_0} = -\frac{Q}{2\varepsilon_0 S} = -\frac{\dfrac{\varepsilon_0 SV}{x}}{2\varepsilon_0 S} = -\frac{V}{2x} \tag{6.59}$$

となる。符号によってベクトルの方向を表している。$\vec{F}_x = \mathrm{Q}\vec{E}_x$ に従い，符号によってベクトルの方向を表すと

$$F_x = QE_x = -\frac{Q^2}{2\varepsilon_0 S} = -\frac{\dfrac{{\varepsilon_0}^2 S^2 V^2}{x^2}}{2\varepsilon_0 S} = -\frac{\varepsilon_0 S V^2}{2x^2} \tag{6.60}$$

ここまで，平行平板コンデンサの対向する電極どうしが垂直に引き合う場合を考えてきた。このとき働く静電力を垂直静電力である。つぎに，平行配置された電極どうしが水平方向に力を及ぼし合う水平静電力についても学ぶ。

図 6.9 のように平行な二枚の電極が少し水平方向にずれて配置されている場合を考える。図では，x 軸を水平方向に取っている。片方の電極は固定し，可動電極も x 軸方向以外には動作しないように支持拘束されているとする。こ

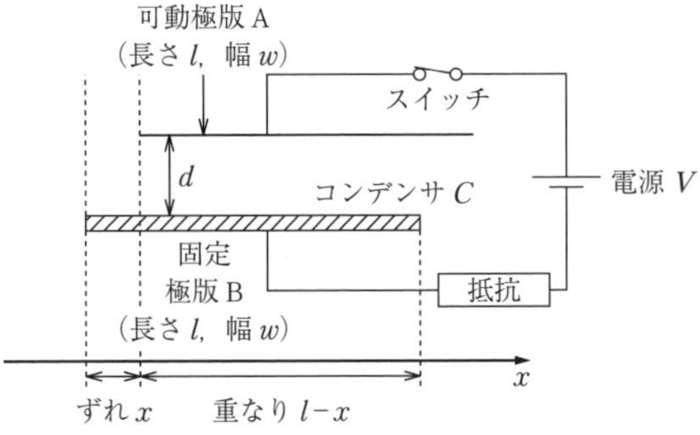

図 6.9　水平にずらした平行平板電極コンデンサに働く力

の設定で二枚の電極が構成するコンデンサ C に働く静電力について，充電後も電源 V を接続した場合について考える。なお，電源 V を切り離す場合については，垂直静電力の場合と同様に考察して解くことが可能であるため，ここでは割愛する。

静電力 F_x は以下の式で求めることができることはすでに述べた。

$$F_x = \frac{d\left(\dfrac{CV^2}{2}\right)}{dx} = -\frac{V^2}{2}\frac{dC}{dx} \tag{6.55 再掲}$$

仮想変位，仮想仕事を用いて力を求めており，ベクトルを用いずスカラーである静電容量 C を用いて求めることができる。水平静電力についてはこの方法で求めることにする。

図 6.9 より，長さ l，幅 w の平板電極が二枚，電極間距離 d，水平方向（x 方向）に x だけずれて配置されているコンデンサ C に外部直流電源 V が接続されている。二枚の電極の重なりの面積は $(l-x)w$ となる。

静電容量 $C=\varepsilon_0\{(l-x)w/d\}$ より

$$F_x = \frac{dU_E}{dx} = \frac{d\left(\dfrac{CV^2}{2}\right)}{dx} = -\frac{1}{2}\frac{\varepsilon_0 w}{d}V^2 \tag{6.61}$$

のように静電力 F_x を求めることができる。垂直静電力の場合と同様に，静電力 F_x が駆動電圧の 2 乗（V^2）に比例することがわかる。

さて，垂直静電力と水平静電力を比較してみることにする。ここでは，電圧の接続を維持する場合について両者を比較する。

まず垂直静電力は

$$F_x = -\frac{V^2}{2}\frac{\varepsilon_0 S}{x^2} \tag{6.57 再掲}$$

のように求められた。垂直静電力は $1/x^2$ に比例することがわかる。静電マイクロアクチュエータが動作し，電極間距離が近づくほど垂直静電力は非線形的に大きくなる特性がある。

では，水平静電力がどのような特性を持つか確認しておくことにする。水平静電力は以下のように求められた。

$$F_x = -\frac{V^2}{2}\frac{\varepsilon_0 w}{d} \qquad (6.61 再掲)$$

この結果，水平静電力は，動作変位 x に依存しないことがわかる。このように，垂直静電力と水平静電力は動作変位に対して異なる特性を示すことは重要である。

この水平静電力の動作変位に依存しない特性を活かしたくし歯型の静電マイクロアクチュエータが設計，開発されている。**くし歯型静電マイクロアクチュエータ**については，6.4.2 項でも扱うことにしている。

6.4 静電型センサ・マイクロマシン

6.4.1 静電容量型センサ

静電型マイクロマシンのデバイスのうち，まずセンサについて代表的なものを紹介することにする。例えば加速度センサの場合，**プルーフマス**と呼ばれる重りが加速度を受けて発生する慣性力によるコンデンサ構造の変形を検知する。静電容量型センサ用の典型的なコンデンサの形態として，**平行行平板型**と**くし歯型**がある。

平行平板型加速度センサの構成例を**図 6.10** に示す。図 6.9 では，二枚の平行配置した固定電極間にたがいに電気的に絶縁した可動電極を設置している。可動電極は加速度を受ける重りとしてのプルーフマスの役割も担う。加速度に

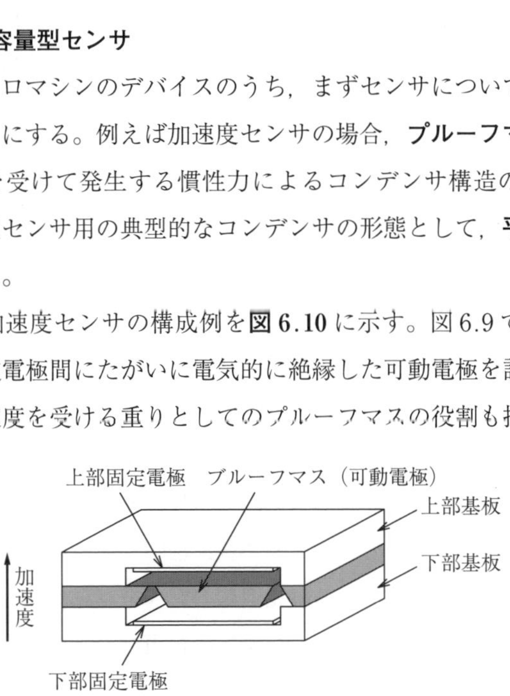

図 6.10 平行平板型の静電容量型加速度センサ

よる慣性力を受けて可動電極は，二枚の固定電極間で図 6.9 の上下方向に位置を変える。このときのコンデンサの静電容量変化を検知する。

つぎに**図 6.11** にくし歯型の静電容量型センサを紹介する。図のセンサでは，容量集積度を上げるためにくし歯構造を利用しているので，基本的には平行平板型の原理と同じである。このセンサの例は対向電極間ギャップの変化を利用しているため，この後，静電マイクロアクチュエータの説明で紹介する水平静電力駆動のくし歯型の静電マイクロアクチュエータの動きとは異なる。

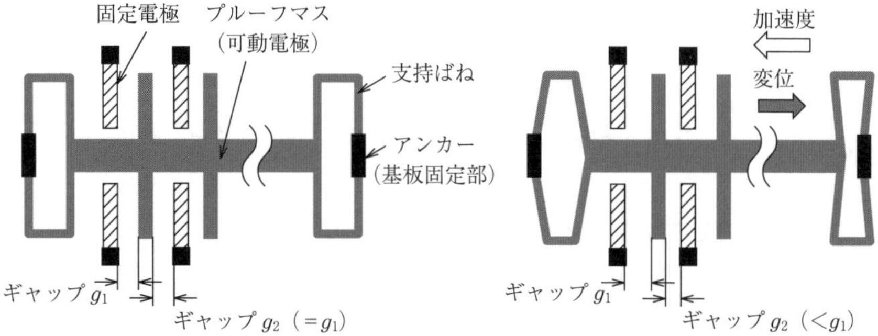

（a）　静止時　　　　（b）　加速度印加時

図 6.11　くし歯型の静電容量型加速度センサ（上面図）

図 6.10 で示した平行平板型の静電容量型センサは，三枚の基板を接合して固定電極と可動電極の構造を構成していた。一方，くし歯型の静電容量型センサは，図 6.11 のように基板表面に製作した薄膜構造による構成が多い。図（a）の静止時には固定電極と可動電極の間のギャップ g_1，g_2 は等しい。図（b）のように加速度によりプルーフマスが右側に変位すると，両電極間のギャップが変化し静電容量も変化する。半導体回路製造技術と整合性の高い**表面マイクロマシニング**を用い，接合などの組み立て後工程が少ない点が魅力である。さらに静電容量型センサが課題とする寄生容量の影響を克服するための信号増幅回路を集積化できることが重要である。本書の冒頭でも述べたように，回路，センサ，アクチュエータの集積化はシステムの構成においても重要であるとともに，信号処理の観点からも重要であることがわかる。さらには，組み立て後工

程を必要としないことによるコスト抑制の効果も大きい。

6.4.2　静電マイクロアクチュエータ

つぎに，**静電マイクロアクチュエータ**について代表的なものを紹介することにする。静電マイクロアクチュエータの典型的な駆動形態である静電力について，すでに垂直静電力と水平静電力を説明した。静電マイクロアクチュエータの形態も，垂直静電力を用いる平行行平板型と水平静電力を用いるくし歯型が代表的である。平行平板型については，サーボ型の静電容量型センサに早くから組み込まれていたことはすでに述べた。またプロジェクタ内のマイクロミラーを駆動するDMDの例についても紹介している。このように垂直静電力駆動の平行平板型の応用は多い。

つぎに水平静電力を利用したくし歯型静電マイクロアクチュエータについて述べる。くし歯型の静電マイクロアクチュエータの構成例を**図6.12**に示す。一対のくし構造が噛み合った形で配置されていることがわかる。くし構造は多数のくし歯構造を有する。片方のくし構造は固定電極，もう片方は可動電極である。くし歯型静電マイクロアクチュエータの基本構造であるくし歯は，固定構造である二枚の平行平板電極によるコンデンサとコンデンサの極板間に一部

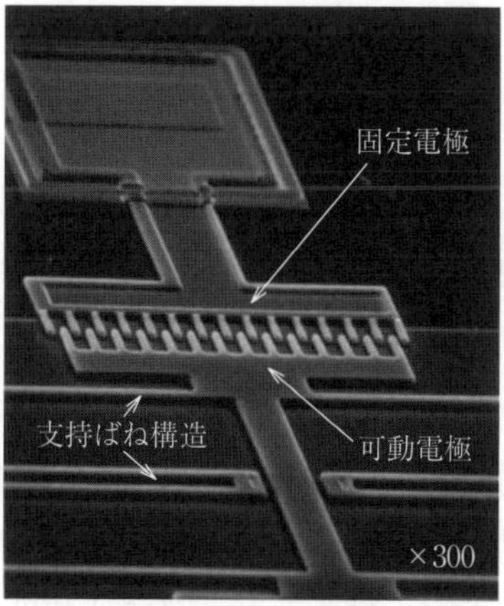

電気学会　E準部門
MICS

図6.12　くし歯型の静電マイクロアクチュエータ〔提供：早稲田大学庄子研究室〕

先端を挿入状態の可動電極構造を有している。このくし歯基本構造は，図 6.9 の可動電極の下側にもう一つ固定電極を増やした形態であり，上下の固定電極の中心位置に可動電極を配置している。可動電極構造の先端の固定電極間への挿入部分は図 6.9 における重なり部分に相当する。くし歯基本構造を多数並列に配置することにより発生力を増加させる設計が，図 6.12 の多数のくし歯基本構造から構成されたくし構造である。可動くし構造は，支持ばね構造によって動作方向を制限し，くし構造どうしが噛み合う方向にのみ動作するように設計されている。くし構造どうしは電気的に絶縁されており，対向するおのおののくし歯どうしがコンデンサを形成している。くし歯型の静電マイクロアクチュエータは，すでに述べた水平静電力を用いるため，コンデンサを構成する電極の組合せを増やすことによって出力を増強することができる。図 6.12 の要素となるくし歯基本構造では，可動電極が二枚の固定電極に一部挿入された初期状態で配置されている。固定電橋と可動電極の間に電圧を印加すると，水平静電力により，可動電極は二枚の固定電極間に引き込まれる。くし歯の要素構造を多数集積化すれば，発生力を増やすことができる。通常，くし歯基本構造の可動構造には導電性の電極構造が用いられるが，誘電体構造を用いる構成も考えられる。導電性可動電極の場合と同様（式 (6.65) 参照），仮想変位，仮想仕事を用いて静電力を求めることができる。

くし歯型の静電マイクロアクチュエータの応用例として，光ファイバーの光路切り替えスイッチなどが開発されている。従来，くし歯型の静電マイクロアクチュエータは，表面マイクロマシニングによる薄膜構造を用いることが多かった。その後，電鋳技術や Si の深掘りのドライエッチング技術の発展により，厚みのある構造も可能になってその可能性を拡張している。

さらに，センサ・マイクロマシンの分野では，振動や熱を電気的な信号に変換する**パワー MEMS** という分野の研究が盛んになってきている。電気信号を発生する変換形態としてはセンサと同じであるが，エネルギーの発生と貯蔵を目的とする新しいデバイスである。磁場では，マグネットすなわち磁性体，磁石が半永久的に N 極と S 極が対になった磁気双極子を保有し，外部に磁場を発生する。同様に電場では，半永久的に正電荷と負電荷が対になった電気双極子を保有する誘電体の一種である物質があり，エレクトレットと呼ばれている。内部に電荷を固定したエレクトレットは安定して外部に静電場を発生することができる。エレクトレットをコンデンサの固定電極に用い，対向する可動電極の動作によって発生する電荷を外部負荷回路経由で取り出すことにより静電誘導発電ができる。静電容量型センサや静電マイクロアクチュエータのようにくし歯型のコンデンサ電極構成も有効である。

6.5 圧電型センサ・マイクロマシン

6.5.1 圧電基本特性

誘電率 ε の圧電材料の構造表面に電極を 2 極形成し，容量 C の平行平板コンデンサを構成することを考える。電極面積を A，電極間間隔を x とする。このコンデンサに電荷 Q が存在するとき

$$V=\frac{Q}{C}=\frac{Qx}{\varepsilon A} \tag{6.62}$$

電荷の面密度を σ とすると以下のように表すことができる。

$$V=\frac{\sigma x}{\varepsilon} \tag{6.63}$$

一方，4.2.2 項〔2〕で物質のギブスの自由エネルギー G を用いて力学系，電気系，磁気系に関する状態変換について考察し，以下の圧電基本式を導出している。

$$S_i=s_{ij}T_j+d_{mi}E_m \qquad (6.64)\ (4.148 再掲)$$

$$D_n=d_{nj}T_j+\varepsilon_{nm}E_m \qquad (6.65)\ (4.149 再掲)$$

S，T はそれぞれひずみと応力を表し，E，D はそれぞれ電界と電束密度を表す。s，ε はそれぞれ弾性コンプライアンス定数，誘電率である。d は圧電材料の圧電性を評価するのに重要な圧電定数である。また各パラメータの添え字は，テンソル表現をしたものであり，諸量の三次元空間における方向を表して

いる。

6.5.2 圧電センサ

圧電材料の構造表面に電極を2極形成した容量 C の平行平板コンデンサを用いて圧電センサの原理を説明する。コンデンサの初期電荷は0とする。コンデンサの2電極を垂直方向から力 F を加える状況を考える。このとき添え字の i, j には同じ方向を示す3が入ると考えてよい。圧電材料の構造表面に力 F_j を加えると，電荷 Q_i が発生する。この関係を結びつける係数として圧電定数 d_{ij} を用いると

$$Q_i = d_{ij} F_j \tag{6.66}$$

力の作用部の面積 A と応力 T を用いると

$$Q_i = d_{ij} T_j A \tag{6.67}$$

圧電材料構造に構成したコンデンサ C の電極間には

$$V_i = \frac{Q_i}{C} = \frac{Q_i x}{\varepsilon A} \tag{6.68}$$

の電圧が発生する。したがって，発生電圧 V_i と力 F_j との関係を求めると

$$V_i = \frac{d_{ij} x}{\varepsilon A} F_j \tag{6.69}$$

圧電センサは，圧電材料に力が加わった際のこの発生電圧を計測している。

つぎに電束密度に関する圧電基本式

$$D_n = d_{nj} T_j + \varepsilon_{nm} E_m \tag{6.65 再掲}$$

との関係を説明しておくことにする。初期電荷による電界 E と電束密度 D との関係は

$$D = \varepsilon E \tag{6.70}$$

となる。力 F による応力 T による発生電荷の寄与分は

$$V_i = \frac{d_{ij} x}{\varepsilon A} F_j = \frac{d_{ij} x}{\varepsilon} T_j \tag{6.71}$$

であり，いま

$$D=\varepsilon E=\varepsilon\frac{V}{x} \qquad (6.72)$$

であることを用いて

$$D_n=d_{nj}T_j \qquad (6.73)$$

を得る。初期電荷と応力 T による発生電荷の寄与を合わせて表したものが，次式の圧電基本式であることがわかる。

$$D_n=d_{nj}T_j+\varepsilon_{nm}E_m \qquad (6.65\ 再掲)$$

6.5.3　圧電マイクロアクチュエータ

以下のひずみに関する圧電基本式で表現されるように，圧電材料では応力によるひずみの発生に加え，電界によるひずみを発生させることができる。

$$S_i=s_{ij}T_i+d_{mi}E_m \qquad (6.64\ 再掲)$$

応力 T が与えられていない場合，基本式の第2項のみとなり，電界 E によるひずみ S は

$$S_i=d_{mi}E_m \qquad (6.74)$$

となる。

電界によるひずみの発生を用いて圧電マイクロアクチュエータを駆動することになる。代表的な圧電マイクロアクチュエータとして，**長さ方向動作型**と**厚み方向動作型**の二種類のタイプを扱うことにする。前者は変位が大きいことが特徴であり，後者は発生力が大きいことが魅力である。

まず，長さ方向動作型の圧電マイクロアクチュエータについて述べる。**図6.13**に長さ方向動作型の圧電マイクロアクチュエータの動作原理図を示す。長尺の板状の長さ方向動作のアクチュエータの場合，電界を掛ける方向（垂直縦方向）とひずみを発生させてアクチュエータを動作させる方向（水平横方

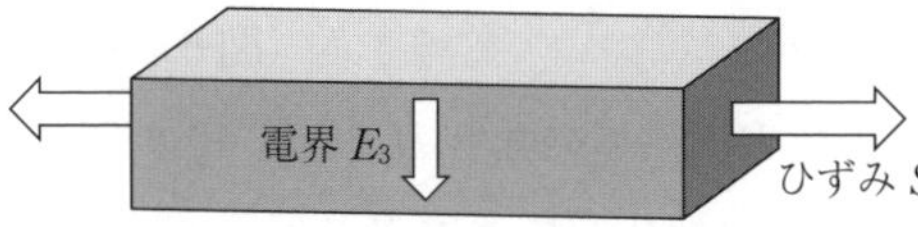

図6.13　長さ方向動作型圧電マイクロアクチュエータ

向）が異なる。

圧電材料の電界を印加する方向 m を 3 の方向，すなわち垂直方向すると，長さ方向動作の場合，ひずみの発生方向 i は 1 の方向，すなわち水平方向となる。圧電アクチュエータの厚みを t，印加電圧を V_3 とするとひずみは

$$S_1 = d_{31}E_3 = d_{31}\frac{V_3}{t} \tag{6.75}$$

つぎに**図 6.14** に厚み方向動作型の圧電マイクロアクチュエータの動作原理図を示す。図に示すように電界を掛ける方向とひずみを発生させてアクチュエータを動作させる方向が同じ垂直縦方向となっている。

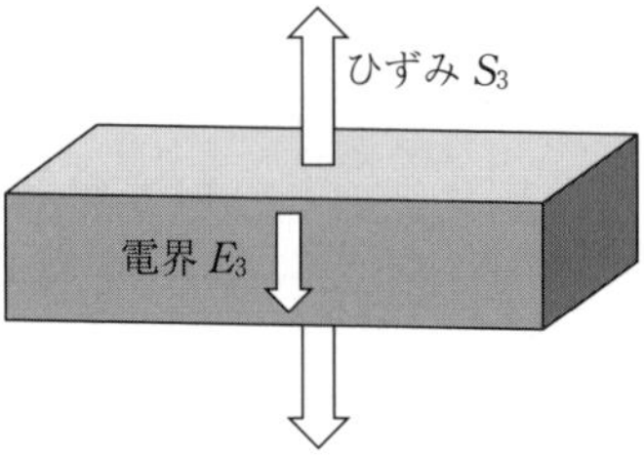

図 6.14　厚み方向動作型圧電マイクロアクチュエータ

厚み方向動作型の場合

$$S_3 = d_{33}E_3 = d_{33}\frac{V_3}{t} \tag{6.76}$$

でひずみと印加電圧の関係を表すことができる。厚み方向動作型の圧電マイクロアクチュエータの場合，単体では微少な変位しか得られないため，複数枚積層にしてアクチュエータを構成することが多い。

6.6　磁　　　場

6.6.1　磁性体と磁場

磁性体の物性と磁場の関係について整理する（**図 6.15** 参照）。図では，真空中と磁性体中の磁束密度 B と磁界の強さ H，分極 P_m の関係をまとめている。

真空中の透磁率を μ_0，磁性体中の透磁率を μ，比透磁率を μ_s，磁化率を χ

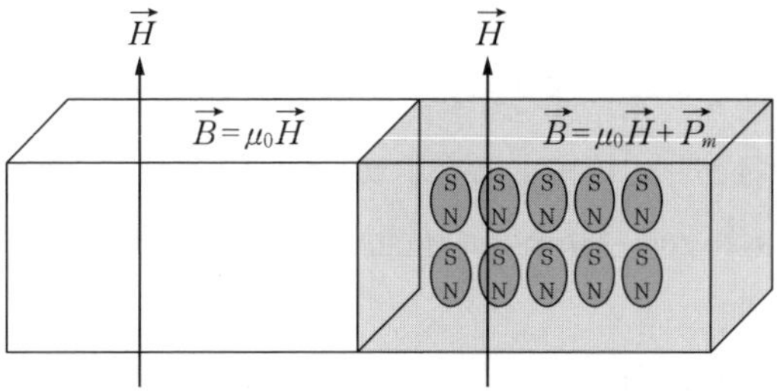

図 6.15　磁性体中の電場

とすると

$$\mu=\mu_s\mu_0=(1+\chi)\mu_0 \tag{6.77}$$

の関係がある。磁性体中の透磁率 μ は真空中の透磁率 μ_0 よりも大きな値を示す。例えば，ニッケルの磁化率 χ はアルミニウムの 100 倍弱，鉄では 360 倍にもなる。図 6.15 は，誘電体中の電場の説明で用いた図 6.3 と対比してみるとわかりやすい。$\vec{D}$ と $\vec{B}$，$\vec{E}$ と $\vec{H}$，$\vec{P}$ と $\vec{P_m}$，ε_0 と μ_0，ε と μ を対応させると同様の形をしていることがわかる。真空中の磁束密度は以下の式で表すことができる。

$$\vec{B}=\mu_0\vec{H} \tag{6.78}$$

磁性体中では，電束密度は以下のようになる。

$$\vec{B}=\mu_0\vec{H}+\overrightarrow{P_m} \tag{6.79}$$

したがって磁場により発生した分極 $\overrightarrow{P_m}$ は，磁化率 χ を用いて

$$\overrightarrow{P_m}=\mu_0\chi\vec{H} \tag{6.80}$$

で表すことができる。さらに磁性体中の透磁率 μ を用いて

$$\vec{B}=\mu\vec{H} \tag{6.81}$$

と表すことができる。本書では，透磁率として真空中の透磁率 μ_0 を使って説明する場合が多いが，透磁率 μ に置き換えた場の条件も併せて考えるとよい。

6.6.2　磁界，磁場に関するベクトルとスカラーの表現

先に電場の関係式をスカラー量とベクトル量で整理したのと同様に，磁場の諸量についても整理することができる。

磁場の議論で出てくる電流密度 $\vec{j}$ はベクトル量であるが，面積分による総量としての電流 I はスカラー量となる。磁束密度 $\vec{B}$ はベクトル量であり，その面積分による総量としての磁束 Φ はスカラー量となる。磁界からの力は，ベクトル量としてもスカラー量としても求めることができ，ベクトル量の大きさはスカラー量に等しくなる。

フレミングの左手の法則によれば，電流が磁束密度 $\vec{B}$ の磁場から受ける力は

$$\vec{F}=Id\vec{s}\times\vec{B} \tag{6.82}$$

となる。$d\vec{s}$ は電流の方向の微小なベクトルである。$\vec{B}$ を作る電流 I（電流密度 j）を考えると，**アンペアの周回積分の法則**により

$$\int_C \vec{B}\cdot d\vec{s}=\mu_0 I \tag{6.83}$$

となる。電流 I を一周する閉路 C に沿って磁束密度 $\vec{B}$ を積分した値を電流 I を用いて求めることができる。

事例として**図 6.16** のように直線電流の周りの磁場を求めてみることにする。

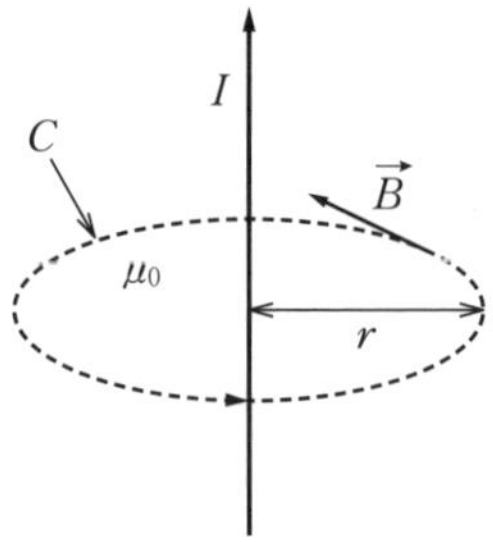

図 6.16　直流電流周りの磁場

直線電流 I（無限長）から距離 r の点の磁束密度の大きさ B は，つぎの式を満たす。

$$\int_C \vec{B}\cdot d\vec{s}=2\pi rB=\mu_0 I \tag{6.84}$$

これより，磁束密度の大きさは以下のように求まる。その方向は，周回積分経路の円 C の接線方向になる。

$$B=\frac{\mu_0 I}{2\pi r} \tag{6.85}$$

さらに，アンペアの周回積分

$$\int_C \vec{B}\cdot d\vec{s}=\mu_0 I \tag{6.86}$$

の微分を用いた表現は，電流密度$\vec{j}$を用いて以下のようになる。

$$\nabla\times\vec{B}=\mu_0\vec{j} \tag{6.87}$$

左辺の$\nabla\times\vec{B}$は，$\vec{B}$の**回転**（**rot**）であり，成分表現すると以下のようになる。

$$\nabla\times\vec{B}=\left(\frac{\partial B_z}{\partial y}-\frac{\partial B_y}{\partial z},\ \frac{\partial B_x}{\partial z}-\frac{\partial B_z}{\partial x},\ \frac{\partial B_y}{\partial x}-\frac{\partial B_x}{\partial y}\right) \tag{6.88}$$

電場におけるベクトル量の電界$\vec{E}$とスカラー量の電位Vの関係を学んだ。ガウスの法則により，電界$\vec{E}$は電荷Q，さらには電位Vと関係づけることができた。

同様に，磁場Φについて磁束密度$\vec{B}$との関係を考える。スカラー量の磁束Φはベクトル量である磁束密度$\vec{B}$が貫くある面Sに対して，通過する総量を面積分して求める。面Sの法線ベクトルnと磁束密度$\vec{B}$の内積を積分することにより，面Sに対して直交する磁束密度$\vec{B}$の成分の総量を求めている。磁束Φの符合が向きの情報を持っていると考えられる。

インダクタ（**コイル**）に流れる電流（ループ）の磁場エネルギーは，磁束の鎖交数（磁束×コイル巻数）を0からある値にするために必要なエネルギーを磁場のエネルギーと考える。電流Iにより鎖交磁束がΦの状態になるために必要なエネルギーは，以下のように表すことができる。

$$U_M=\int_0^{\Phi} I d\Phi \tag{6.89}$$

いま，電流I（ループ）がつくる磁束Φは電流Iに比例し

$$\Phi=LI \tag{6.90}$$

と表すことができる。Lはインダクタ（コイル）の**自己インダクタンス**である。

$$U_M=\int_0^{\Phi} I d\Phi=\int_0^{\Phi}\frac{\Phi}{L}d\Phi=\frac{\Phi^2}{2L}=\frac{LI^2}{2} \tag{6.91}$$

となり，磁場のエネルギーU_Mを$LI^2/2$で表すことができる。磁場のエネルギーについても仮想変位の考え方を適用することにより，エネルギーU_Mを変

位 x について微分することにより，磁界の力 F_x を求めることができる。

$$F_x = -\frac{dU_M}{dx} \tag{6.92}$$

6.7 電磁場を利用したセンサとアクチュエータ

すでに電場を利用した静電型のセンサやマイクロアクチュエータについて学んだ。さらに本章では，電場に次いで磁場について学びを進めてきた。そこで磁場から電流や電荷が受ける力を利用したデバイス，その機能について紹介する。まず，マクロなアクチュエータとしても用いられている電磁モータについて述べる。

6.7.1 電磁場による力の発生とモータ

図 6.17 に**電磁モータ**の原理図を示す。ステータは一対の N 極と S 極から成る磁極で構成されている。図では，簡単のため一対の磁極の場合を示しているが，実際は磁極を回転円周に複数配置することになる。ステータの N 極と S 極の間に電流ループを導入する配線が挿入されている。この配線に電流を流した際に，配線（を流れる電流）が磁場から受ける力によって電磁モータの回転

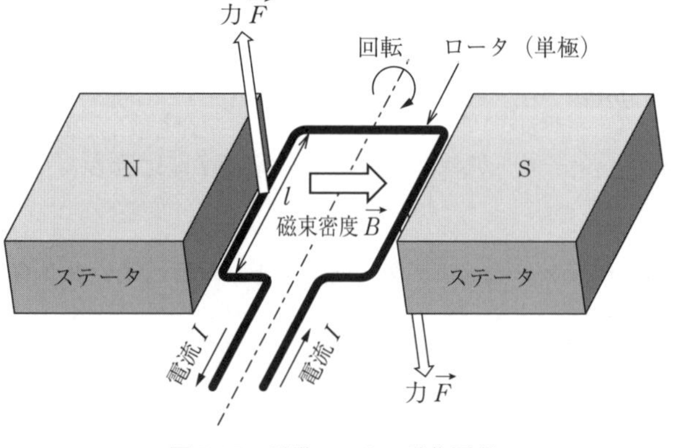

図 6.17　電磁モータの動作原理

動作が生み出される。

このとき，式(6.85)より磁束密度$\vec{B}$の磁場において，コイルに流れる電流$\vec{I}$（長さl部分）に働く**ローレンツ力**$\vec{F}$の大きさは以下のように示される。

$$\vec{F}=(\vec{I}\times\vec{B})l \tag{6.93}$$

磁極を永久磁石で実現するだけでなく，電磁コイルによって駆動制御することも可能である。電磁モータは，直流モータ，交流モータ，ステッピングモータ等，複数の種類のモータが用途に応じて開発され用いられている。

6.7.2　電磁場による起電力発生とセンサ

つぎに，電磁モータの構造をそのまま活用したセンサである**タコジェネレータ**について述べる。**ファラデーの法則**で知られる**電磁誘導の法則**に基づき，コイルを貫く磁束Φの時間変化により，コイルに**誘導起電力**Vが生じる。この誘導起電力Vは，以下のように表すことができる（**レンツ則**）。

$$V=-\frac{d\Phi}{dt}=-B\frac{dS}{dt}=-Br\frac{d\theta}{dt} \tag{6.94}$$

ここに，rは回転半径，θは回転角である。いま，ωを回転角速度とすると

$$V=-Br\omega \tag{6.95}$$

となる。タコジェネレータの場合，誘導起電力Vを検出すると回転角速度ωを知ることができる。同様に磁束密度Bの磁場中にあるコイル上を速度vで移動する長さlの棒について

$$V=-Blv \tag{6.96}$$

が成り立つ。起電力Vを検出することにより，この関係を用いて移動速度vを知ることができる。

6.7.3　マイクロ磁気デバイス，そして電磁マイクロモータ

マイクロ磁気デバイスとしては，インダクタやトランスがある。比較的大きめのサイズのマクロな構造を用いた**バルクインダクタ**に対して，薄膜構造を用いた平面型の**プレーナインダクタ**が開発されている。三次元的な構造のバルク

インダクタのインダクタンス L は，スケール効果によりスケールに比例して小さくなる。一方，プレーナインダクタのインダクタンス L は薄膜構造の厚さを固定してスケール効果を考えると，スケールに依存しないことがわかる。プレーナインダクタは，磁気記録デバイスの薄膜ヘッド応用など，そのコンパクトな構造と優れた周波数特性などから重用されてきた。

電磁場を利用したアクチュエータとして，電磁リレーや電磁モータが広く知られているが，マイクロマシン分野でも電磁スイッチや電磁モータの研究開発が行われてきた。プレーナコイルに電流を流して磁場を発生して駆動するものや，電鋳を用いて磁性体の厚い微細構造を製作して磁心とし，金属ワイヤを巻き付けるなどしてコイル状の磁極にしたマイクロ電磁モータなどの例もある。**図 6.18** に磁極の開発例を示す。電鋳で形成した Ni の磁心構造の周囲にワイヤーボンディング技術を応用してコイル構造を実現している。

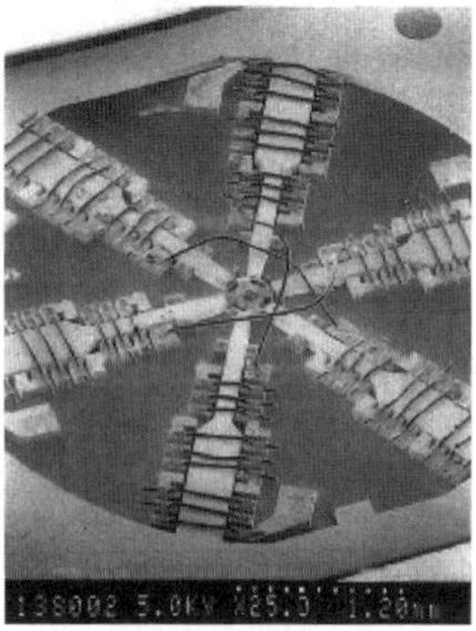

図 6.18　マイクロマシン磁極開発例（ウィスコンシン大学）[32)]

電磁モータは，磁場から電流が受けるローレンツ力を用いて駆動する。電磁モータの構造を強制的に回転させると，電磁誘導によって起電力が発生する。この起電力を測定することにより，電磁モータ構造の動作を検出することができる。タコジェネレータの原理であり，発電機の原理ともつながる。

さて，先に圧電センサ・マイクロマシンに関わり圧電基本特性を述べた。電場と力学的なひずみの関係である。つぎに，磁場においても力学的なひずみとの間で同様の関係が考えられないか検討しておくことにする。再び，4 章で物質のギブスの自由エネルギー G を用いた状態変換に関する考察を取り上げる。物質のギブスの自由エネルギー G は，以下のように与えられる。

$$G = U - S_{kl}T_{kl} - D_iE_i - B_iH_i - \kappa\theta \tag{4.23 再掲}$$

透磁率 μ を以下の方法で求めることができた。

$$\mu_{ij} = \frac{\partial B_i}{\partial H_j} = -\frac{\partial G}{\partial H_j \partial H_i} \tag{4.27 再掲}$$

ここで，磁束密度 B を磁界 H の代わりに応力 T で偏微分してみることにする。

$$S_i = s_{ij}T_j + d_{mi}H_m \tag{6.64 再掲}$$

$$D_n = d_{nj}T_j + \mu_{nm}H_m \tag{6.65 再掲}$$

S，T はそれぞれひずみと応力を表し，H，B はそれぞれ磁界と磁束密度を表す。s，μ はそれぞれ弾性コンプライアンス定数，誘電率である。d は磁歪材料の**磁歪性**を表す**磁歪定数**である。また各パラメータの添え字は，テンソル表現をしたものであり，諸量の三次元空間における方向を表している。この式は，磁場によるひずみの発生（磁歪）およびひずみによる磁場の発生の可能性を示している。実際に，合金を用いた**磁歪アクチュエータ**が実現されている。このように，物質のギブスの自由エネルギー G を用いた状態変換に関する考察により，上記の磁歪基本式を導くことができる。この磁歪基本式と先に述べた圧電基本式の対応関係は物性と場の現象の観点に加え，導出の観点からも興味深い。

つぎに電磁場を利用したセンサの原理として，ホール効果について紹介する。半導体中の電荷が電場から受ける力を利用するため，電場と磁場を活用したデバイス機能実現の格好の例となる。

6.7.4　ホール効果とホールセンサ

半導体に電流が流れる際，実際には電子，正孔が電気的な流れを担っている。これらの電荷（キャリヤ）が移動するとき磁場から力を受ける。フレミングの左手の法則で学んだローレンツ力が磁場中を移動する電荷に発生する。**図 6.19** に正孔が多数キャリヤの p 型半導体と電子が多数キャリヤの n 型半導体

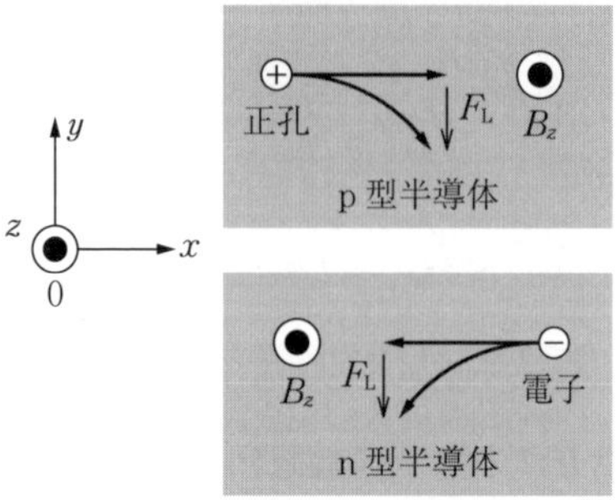

図 6.19　p 型半導体中の正孔および n 型半導体中の電子に働くローレンツ力

において，電流 I を流す際に移動するキャリヤに働くローレンツ力 F_L を示す。

図 6.20 を用いて正孔を多数キャリヤとする p 型半導体における**ホール効果**を用いたホール測定について説明する。添え字の x, y, z は，それぞれ x, y, z 軸に沿って働くことを表している。図 6.20 のように直方体の p 型半導体を仮定し，z 方向の磁場 B_z 中に置き，外部電圧 V により x 方向に電界 E_x を印加する。このとき x 方向に正孔が速度 v_x で移動する。移動する正孔は磁場 B_z から y 方向のローレンツ力 $q\overrightarrow{v_x}\times\overrightarrow{B_z}$ を受けるためその軌道が曲げられ，p 型半導体の直方体の y 軸の負の方向に集まる。ローレンツ力によって偏向して集まった正孔によって直方体中には y 軸の正の向きの電界 E_y が発生する。

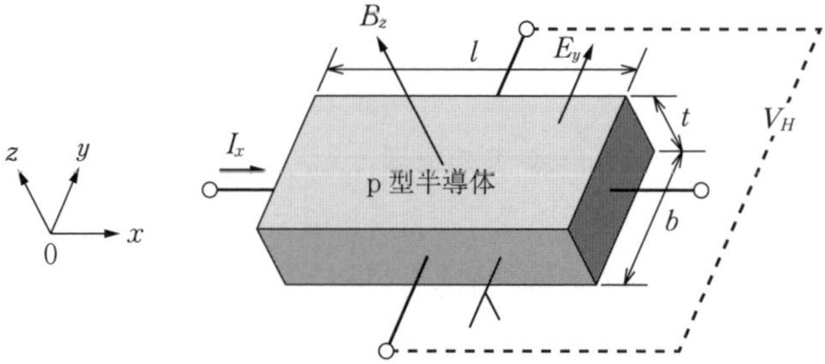

図 6.20　p 型半導体におけるホール効果

この電界 E_y により正孔が受けるクーロン力 qE_y と磁場によるローレンツ力 $q\overrightarrow{v_x}\times\overrightarrow{B_z}$ が釣り合うと正孔のローレンツ力による移動が収まり，正孔による定常電流 I_x が流れるようになる。

$$qv_xB_z = qE_y \tag{6.97}$$

より

$$E_y = v_x B_z \tag{6.98}$$

以下では，p型半導体の場合について話を進めることにする。電流 I_x の電流密度 J_x は，p型半導体中の正孔キャリヤ密度を p とすると

$$J_x = qpv_x \tag{6.99}$$

となるので，v_x を消すと

$$E_y = \frac{1}{qp} J_x B_z \tag{6.100}$$

となる。$R_H = 1/qp$ と表すと，以下のように書ける。

$$E_y = R_H J_x B_z \tag{6.101}$$

R_H は**ホール係数**と呼ばれる定数である。厳密には，R_H はキャリヤの散乱を考慮した1に近い係数で補正されるが，ここでは簡単のためこのままホール係数として扱うことにする。

直方体の y 方向の電位差 V_y は，E_y に直方体の幅 b を乗じて

$$V_y = E_y b \tag{6.102}$$

と求まる。この電位差 V_y を**ホール電圧**と呼ぶ。また電流密度 J_x は，電流 I_x を断面積 bt で除したものであるから

$$J_x = \frac{I_x}{bt} \tag{6.103}$$

$$\therefore \quad V_y = E_y b = R_H J_x B_z b = \frac{R_H I_x B_z}{t} \tag{6.104}$$

いま，直方体の半導体の寸法 l, b, t は既知，電荷 q を電気素量 e とすれば既知であり，磁束密度 B_z，電流 I_x，ホール電圧 V_y は計測可能である。電流密度 J_x，電界 E_y は，電流 I_x，電圧 V_y からそれぞれ求めることができる。これらの値を基に，対象の半導体の物性に関して，キャリヤ密度（p もしくは n）およびキャリヤの移動度 μ を求めるためにホール計測が行われる。

ホール測定を行いホール電圧 V_y を計測すると，その符号によってキャリヤが正孔か電子かが判別できる。すなわち，計測対象の半導体がp型半導体かn型半導体かがわかる。つぎにキャリヤ密度について，p型半導体の場合のキャ

リヤ密度 p に着目してその求め方を説明する。

$$E_y = \frac{1}{qp} J_x B_z \tag{6.105}$$

より

$$p = \frac{J_x B_z}{qE_y} = \frac{J_x B_z}{qE_y} = \frac{\dfrac{I_x B_z}{bt}}{\dfrac{qV_y}{b}} = \frac{I_x B_z}{qV_y t} \tag{6.106}$$

として，ホール電圧 V_y を計測すれば，既知の値を用いてキャリヤ密度 p を求めることができる。

キャリヤ密度 p が求まると，これを用いて移動度 μ を求めることができる。

$$I_x = J_x bt = qp\mu E_x bt \tag{6.107}$$

であるから，μ を求める形に整理すると

$$\mu = \frac{I_x}{qpE_x bt} \tag{6.108}$$

また，p 型半導体の導電率 σ もしくは抵抗率 ρ からも移動度 μ を求めることができる。導電率 σ および抵抗率 ρ は，移動度 μ を用いると近似的に以下のように表すことができる。

$$\sigma = \frac{1}{\rho} \cong qp\mu \tag{6.109}$$

計測対象の導電率 σ もしくは抵抗率 ρ を計測すると，$\mu = R_H \sigma$ の関係から，ホール係数 R_H を用いてキャリヤの移動度 μ を求めることができる。

ホールセンサは，半導体物性測定のためのホール計測に加え，ホール効果を用いた磁気センサとしても用いられる。磁場が未知の場合，既知の物性，既知の電流値から，ホール電圧を計測し，磁場を検出することにより磁場センサとして機能する。

演 習 問 題

【6.1】 いま，2本の平行導線を考える。導線の半径を a，長さは無限長を仮定する。2本の導線の間隔を d とするとき，2本の平行導線が構成する長さ l の部分の静電容量を求めなさい。空間の誘電率を ε_0 とする。片方の導線の中心からの径方向の距離を r，2本の導線が存在する平面上の導線軸方向に x 軸，x 軸と直交する方向に y 軸をとり，電荷を設定して求めなさい。

【6.2】 図6.9のように平行な二枚の電極が少し水平方向にずれて配置されている場合を考える。図では，x 軸を水平方向に取っている。片方の電極は固定し，可動電極も x 軸方向以外には動作しないように支持拘束されているとする。この設定で二枚の電極が構成するコンデンサ C に働く静電力について，充電後に電源 V を切り離した場合について静電力を求めなさい。空間の誘電率を ε_0 とする。

【6.3】 いま，2本の平行導線AとBを考える。導線の半径を無視できるものとし，長さは無限長を仮定する。空間の透磁率 μ_0 をとし，2本の導線の間隔を d とする。2本の平行導線AおよびBに同じ方向にそれぞれ電流 I_A および I_B を流した際に，両者がたがいに及ぼし合う力について考察しなさい。さらに，導線の長さ l の部分に働く求めなさい。片方の導線の中心からの径方向の距離を r とする。

引用・参考文献

1）高橋　清：半導体工学，森北出版（1993）

2）川辺和夫，平木昭夫，岩見基弘：基礎電子物性工学，コロナ社（2001）

3）青木昌治：電子物性工学，コロナ社（1988）

4）フジクラ技報，“電子デバイス研究所”，第 100 号，pp.97-102（2001）

5）テキサスインスツルメンツ社 Web ページ
https://www.ti.com/lit/pdf/dlpa008

6）Peter F. Van Kessel, Larry J. Hornbeck, Robert E. Meier, and Michael R. Douglass：MEMS-Based Projection Display, Symposium on Design, Test, *Integration and Packaging of MEMS/MOEMS(DTIP)*，pp.27-30（2015）
DOI: 10.1109/DTIP.2015.7161034

7）Kurt E. Petersen：Silicon as a Mechanical Material, in *Proceedings of The IEEE.*，**70**，5（1982）

8）C. Kittel（著），宇野良清，津屋　昇，森田　章，山下次郎（共訳）：固体物理学入門（上）第 7 版，丸善（1998）

9）M. A. White（著），稲葉　章（訳）：材料科学の基礎，東京化学同人（2000）

10）原田義也：量子化学，裳華房（1986）

11）小出昭一郎：量子力学（Ⅰ），裳華房（1988）

12）大岩正芳：初等量子化学（第 2 版）―その計算と理論―，化学同人（1988）

13）保川彰夫：新材料力学，プレアデス出版（2015）

14）小川智哉：結晶物理工学，裳華房（1976）

15）C. S. Smith : Piezoresistance Effect in Germanium and Silicon, *Physical Review,* **94**, 1, pp.42-49（1954）

16）W. G. Pfann and R. N. Thurston: Semiconducting Stress Transducers Utilizing the Transverse and Shear Piezoresistance Effects, *Journal of Applied Physics,* **32**, pp.2008-2019（1961）

17）Y. Kanda：A Graphical Representation of the Piezoresistance Coefficients in Silicon, *IEEE Transactions on Electron Devices,* **ED-29**, 1, pp.64-70（1982）

18）仲西　亮，森川　諒，河合将史，中原拓海，鳥山寿之：メカニカルセンサ設計のための半導体ピエゾ抵抗予測モデル，電学論E（センサ・マイクロマシン部門誌），**143**，6，pp.110-119（2023）

19） 石原　繁：テンソル－科学技術のために－，裳華房（1991）

20） J.F.Nye：Physical Properties of Crystals: Their Representation by Tensors and Matrices, Oxford Science Publications（1985）

21） S.P.Timoshenko and J.N.Goodier：Theory of Elasticity, 3rd Edition, McGraw-Hill（1970）

22） S.P.Timoshenko and S.Woinowsky-Krieger：Theory of Plates and Shells, 2rd Edition, McGraw-Hill（1959）

23） 内野研二：圧電／電歪アクチュエーター基礎から応用まで－，森北出版（1986）

24） M. エルベンスポーク，H.V. ヤンセン（著），田畑　修，佐藤一雄（訳）：シリコンマイクロ加工の基礎，シュプリンガーフェアラーク東京（1998）

25） S.M. ジィー（著），南日康夫，長谷川文夫，川辺光央（共訳）：半導体デバイス―基礎理論とプロセス技術―，産業図書（1987）

26） 菅野貞雄（編著）：Si MOS デバイスの物理，コロナ社（1989）

27） 藤田博之（編著）：センサ・マイクロマシン工学，オーム社（2005）

28） 江崎玲於奈（監修），榊　博之（編著）：超格子ヘテロ構造デバイス，工業調査会（1988）

29） 河野照哉，桂井　誠，岡部洋一：電気磁気学基礎論，電気学会（1988）

30） 山田直平：電気磁気学，電気学会（1989）

31） 鈴木　皇：電磁気学，サイエンス社（1987）

32） H. Guckel, T.R. Christenson, K.J. Skrobis, T.S. Jung, J. Klein, K.V. Hartojo, and I. Widjaja：A FIRST FUNCTIONAL CURRENT EXCITED PLANAR ROTATIONAL MAGNETIC MICROMOTOR, in *Proceedings IEEE International Conference on Micro Electro Mechanical Systems 1993*, pp.7-11（1993）
DOI: 10.1109/MEMSYS.1993.296942

演習問題解答

●2章

【2.1】 加速度センサ，ジャイロスコープ，さらにタイヤ圧測定用の圧力センサ等のセンサが使われている。さらに距離計測用の超音波センサや暗視カメラ用の赤外線センサ等の利用も進み出している。

【2.2】 加速度センサの動作原理として，本書ではひずみ抵抗変化型と静電容量変化型の二種類を紹介した。いずれも加速度を重りを通して慣性力に変換し，支持構造等のひずみを発生させている。

ひずみ抵抗型には金属抵抗を用いるセンサと半導体によるピエゾ抵抗を用いるセンサがあり，後者のほうが高感度である。これは，金属抵抗が構造の変形効果のみによる電気抵抗の変化を用いているのに対して，Si ピエゾ抵抗は抵抗率のひずみによる変化も併せて用いているためである。

静電容量型の加速度センサは，コンデンサの容量がコンデンサを構成する電極間の距離や対向する面積に依存することを利用し，加速度に起因するひずみによる静電容量の変化を計測している。

【2.3】 マクロな世界で支配的な慣性力はスケールの 3 乗に比例する。重力や加速度による慣性力は，重りの重さ，すなわち体積に比例する。一方の静電力のような表面力は通常スケールの 2 乗に比例する。スケールを小さくしていくと慣性力は 3 乗で小さくなるが，静電力は 2 乗で小さくなるため小さなスケールの世界では相対的にその影響力の関係が変わってくる。スケールを 10 分の 1 にすると慣性力は 1 000 分の 1 に小さくなるが，静電力は 100 分の 1 にしかならない。相対的には，静電力の効果が慣性力に対して 10 倍になったとみなすことができる。このように，小さくすると効果的な現象を活用することがセンサ・マイクロマシンの世界では重要となる。

【2.4】 図 2.16（c）に示すように四つのピエゾ抵抗素子の抵抗値をそれぞれ R_1, R_2, R_3, R_4 とする。ダイアフラム変形前の初期抵抗値はすべて等しく $R_1=R_2=R_3=R_4=R_0$ である。ピエゾ抵抗素子のペア R_1 と R_3 および R_2 と R_4 をダイアフラム上の対称位置に配置しているため，ダイアフラム変形後のピエゾ抵抗素子のそれぞれのペアの抵抗変化も等しくなる。

$$R_1 = R_3 = R_0(1+\alpha_1) \tag{A2.1}$$

$$R_2 = R_4 = R_0(1+\alpha_2) \tag{A2.2}$$

ここで R_0 は初期抵抗値，$\alpha_1 = \Delta R_1 / R_0$ と $\alpha_2 = \Delta R_2 / R_0$ は抵抗変化率である。

解図 2.1 に示すように四つのピエゾ抵抗素子をブリッジ回路に接続し，α_1, α_2 の 2 次の項を省略すると，入出力電圧の比は次式で与えられる。

$$\frac{V_{\mathrm{out}}}{V_{\mathrm{in}}} = \frac{R_1 R_3 - R_2 R_4}{(R_1+R_2)(R_3+R_4)} \cong \frac{\alpha_1 - \alpha_2}{2(1+\alpha_1+\alpha_2)} \cong \frac{\alpha_1-\alpha_2}{2} = \frac{1}{2}\left(\frac{\Delta R_1}{R_0} - \frac{\Delta R_2}{R_0}\right) \tag{A2.3}$$

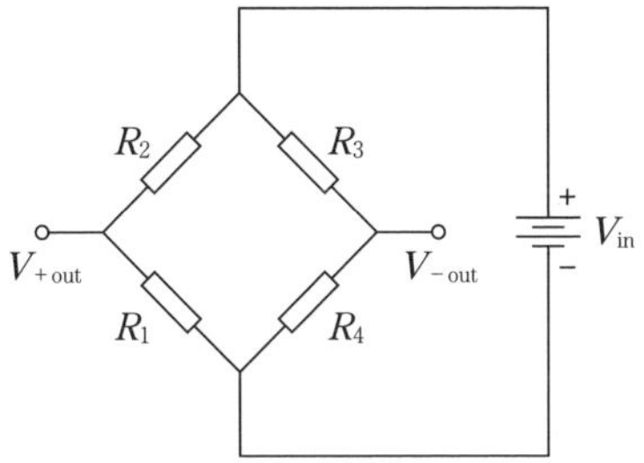

解図 2.1

● 3 章

【3.1】 Si はダイヤモンド構造をしており，単位格子の 8 個の角に 1/8 個相当の原子が 8 個存在し，6 個の面に 1/2 個相当の原子が 6 個存在する。また単位格子の立方体中に 4 個の原子が存在することから，これらを足し合わせ，8 個と求まる。

$$8 \times \frac{1}{8} + 6 \times \frac{1}{2} + 4 = 8 \tag{A3.1}$$

例えば，(0, 0, 0) に立方体の頂点の一つをおき，xyz 空間の正の領域に Si 単位格子の立方体を配置すると，(0, 0, 0) の原子から近接する $((1/4)a, (1/4)a, (1/4)a)$ の原子までの距離を求めると，$(\sqrt{3}/4)a$ となる。

【3.2】 問図 3.1（a）の三軸と交差する点は，$(a, 0, 0)$，$(0, 2a, 0)$，$(0, 0, 2a)$ となる。$a, 2a, 2a$ の逆数の最小の整数比を求めると (2, 1, 1) となる。図（b）の三軸と交差する点は，$(a, 0, 0)$，$(0, (1/2)a, 0)$，$(0, 0, \infty)$ となる。$a, (1/2)a, \infty$ の逆数の最小の整数比を求めると (1, 2, 0) となる。

【3.3】 一つの n に対して，1 の数が $n-1$ 個，その 1 についてさらに m が $2l+1$ 個ある。またスピンの上下により二通りの場合があることから

$$\sum_{l=0}^{n-1} (2l+1) \times 2 = 2n^2 \tag{A3.2}$$

のように計算でき，電子の総数は $2n^2$ となる。

したがって，K殻は $n=1$ であるから2個，L殻（$n=2$）は8個，M殻（$n=3$）は18個，N殻（$n=4$）は32個の電子を収容することができる。

●4章

【4.1】 物質のギブスの自由エネルギー G は，以下のように与えられる。

$$G=U-S_{kl}T_{kl}-D_iE_i-B_iH_i-\kappa\theta \tag{A4.1}$$

ここに，U は内部エネルギー，S_{kl}，T_{kl}，D_i，E_i，B_i，H_i，κ，および θ は，それぞれひずみ，応力，電束密度，電界，磁束密度，磁界，エントロピー，および温度である。いま，熱膨張係数 α を求めるにあたり，ひずみ S を温度 θ と結びつけることを考える。ひずみ S は，ギブスの自由エネルギー G を応力 T で偏微分すればよい。これをさらに，温度 θ で偏微分することにより，熱膨張係数 α_{ij} を求めることができる。

$$S_{ij}=-\frac{\partial G}{\partial T_{ij}} \tag{A4.2}$$

$$\alpha_{ij}=\frac{\partial S_{ij}}{\partial\theta}=-\frac{\partial G}{\partial\theta\,\partial T_{ij}} \tag{A4.3}$$

【4.2】 式 (4.58)，式 (4.63) と式 (4.64) を式 (4.93) へ適用すれば，冗長な計算になるが次式が得られる。

$$\begin{aligned}S_{1111}'&=T_{1i}T_{1j}T_{1m}T_{1n}S_{ijmn}\\&=(T_{11}^{\ 4}+T_{12}^{\ 4}+T_{13}^{\ 4})S_{11}+2(T_{11}^{\ 2}T_{12}^{\ 2}+T_{12}^{\ 2}T_{13}^{\ 2}+T_{13}^{\ 2}T_{11}^{\ 2})S_{12}\\&\quad+4(T_{11}^{\ 2}T_{12}^{\ 2}+T_{12}^{\ 2}T_{13}^{\ 2}+T_{13}^{\ 2}T_{11}^{\ 2})\frac{S_{44}}{4}\end{aligned} \tag{A4.4}$$

$$\begin{aligned}T_{11}^{\ 4}+T_{12}^{\ 4}+T_{13}^{\ 4}&=(T_{11}^{\ 2}+T_{12}^{\ 2}+T_{13}^{\ 2})-2(T_{11}^{\ 2}T_{12}^{\ 2}+T_{12}^{\ 2}T_{13}^{\ 2}+T_{13}^{\ 2}T_{11}^{\ 2})\\&=1-2(T_{11}^{\ 2}T_{12}^{\ 2}+T_{12}^{\ 2}T_{13}^{\ 2}+T_{13}^{\ 2}T_{11}^{\ 2})\end{aligned} \tag{A4.5}$$

ここで，方向余弦の性質 $T_{11}^{\ 2}+T_{12}^{\ 2}+T_{13}^{\ 2}=1$ を利用して整理すると，以下の式が導出できる。

$$S_{1111}'=S_{11}'=S_{11}-2\left(S_{11}-S_{12}-\frac{S_{44}}{2}\right)(T_{11}^{\ 2}T_{12}^{\ 2}+T_{12}^{\ 2}T_{13}^{\ 2}+T_{13}^{\ 2}T_{11}^{\ 2}) \tag{A4.6}$$

同様に，立方晶の任意結晶方位系の x_i' 系の $S_{1122}'=S_{12}'$ を導出する。$S_{1122}'=T_{1i}T_{1j}T_{2m}T_{2n}S_{ijmn}$ から S_{1111}' の計算と同じ方法で，方向余弦の性質 $T_{11}^{\ 2}+T_{12}^{\ 2}+T_{13}^{\ 2}=1$，$T_{21}^{\ 2}+T_{22}^{\ 2}+T_{23}^{\ 2}=1$，$T_{11}T_{21}+T_{12}T_{22}+T_{13}T_{23}=0$ を利用すると，以下の式が導出できる。

$$S_{1122}'=S_{12}'=S_{12}+\left(S_{11}-S_{12}-\frac{S_{44}}{2}\right)(T_{11}^{\ 2}T_{21}^{\ 2}+T_{12}^{\ 2}T_{22}^{\ 2}+T_{13}^{\ 2}T_{23}^{\ 2}) \tag{A4.7}$$

【4.3】（1） ここでは材料力学で慣れ親しんだ直角座標系を利用する。すなわち，

$O-x_1x_2x_3$ 座標系は $O-xyz$ 座標系に対応する。また，以下では板の理論のアウトラインのみを示すため，基礎式の導出等の取扱いに関しては文献[22)]を参照してほしい。

弾性等方性のダイアフラム周辺に沿って一様な曲げモーメント M_x, M_y が作用する場合，ダイアフラム全体のひずみエネルギー W はたわみ $w(x, y)$ の関数として次式で与えられる。ν はポアソン比である。

$$W=\iint \frac{D}{2}\left\{\left(\frac{\partial^2 w(x, y)}{\partial x^2}\right)^2+\left(\frac{\partial^2 w(x, y)}{\partial y^2}\right)^2 + 2\nu \frac{\partial^2 w(x, y)}{\partial x^2}\frac{\partial^2 w(x, y)}{\partial y^2}\right\}dxdy \tag{A4.8}$$

単位面積当りの荷重 q が作用するダイアフラムの微小面積を $dxdy$ とする。微小面積 $dxdy$ の水平面 xy からの垂直方向の距離はたわみ $w(x, y)$ で表されるから，ダイアフラムの圧力 q（単位面積当りの表面力）によるポテンシャルエネルギー W_{ext} は次式となる。

$$W_{ext}=-\iint qw(x, y)dxdy \tag{A4.9}$$

式 (4.119) に示したように，ダイアフラム全体の全エネルギー I は式 (A4.8) と式 (A4.9) の合計より次式となる。

$$\begin{aligned} I &= W+W_{ext} \\ &=\iint \left[\frac{D}{2}\left\{\left(\frac{\partial^2 w(x, y)}{\partial x^2}\right)^2+\left(\frac{\partial^2 w(x, y)}{\partial y^2}\right)^2 + 2\nu \frac{\partial^2 w(x, y)}{\partial x^2}\frac{\partial^2 w(x, y)}{\partial y^2}\right\}-qw(x, y)\right]dxdy \end{aligned} \tag{A4.10}$$

正方形の中心を原点にとると形状の対称性からたわみ $w(x, y)$ は x と y の偶関数となる。周辺完全固定の条件よりたわみとたわみ角は正方形メンブレンの境界上で 0 である。これらの条件から題意に示すたわみ関数が与えられる。

$$w(x, y)=\frac{w_0}{4}\left\{1+\cos\left(\frac{\pi x}{a}\right)\right\}\left\{1+\cos\left(\frac{\pi y}{a}\right)\right\} \tag{A4.11}$$

ただし，$w_0=w\,(x=0, y=0)$ はダイアフラムの中央部のたわみに相当する。周辺固定のたわみの境界条件は，$w=0\ (x=\pm a, y=\pm a)$ であり，周辺固定のたわみ角の境界条件は，$\partial w/\partial x=0\ (x=\pm a)$，および $\partial w/\partial y=0\ (y=\pm a)$ である。ダイアフラムの幾何学形状より積分範囲を決めれば，式 (A4.8) のひずみエネルギーは次式となる。

$$W=\frac{D}{2}\int_{-a}^{a}\int_{-a}^{a}\frac{D}{2}\left\{\left(\frac{\partial^2 w(x,y)}{\partial x^2}\right)^2+\left(\frac{\partial^2 w(x,y)}{\partial y^2}\right)^2\right.$$

$$\left.+2\nu\frac{\partial^2 w(x,y)}{\partial x^2}\frac{\partial^2 w(x,y)}{\partial y^2}\right\}dxdy \qquad \text{(A4.12)}$$

式 (A4.11) のたわみ関数について 2 階微分を行い，式 (A4.12) の積分を実行すると

$$W=\frac{\pi^4 D}{4a^2}{w_0}^2 \qquad \text{(A4.13)}$$

また，圧力によるポテンシャルエネルギー W_{ext} は

$$W_{ext}=-\int_{-a}^{a}\int_{-a}^{a}qw(x,y)dxdy=-qw_0a^2 \qquad \text{(A4.14)}$$

したがって，全ポテンシャルエネルギーは $I=W+W_{ext}$ である。全ポテンシャルエネルギーの変化に対して停留値をとるためには，たわみ関数のパラメータ w_0 に関する変分原理が成り立つ。

式 (A4.13) と式 (A4.14) より

$$\delta I=\frac{\partial(W+W_{ext})}{\partial w_0}\delta w_0=0 \qquad \text{(A4.15)}$$

$$\therefore\quad \frac{\partial(W+W_{ext})}{\partial w_0}=0 \qquad \text{(A4.16)}$$

式 (A4.16) を解くことにより，ダイアフラムの中央のたわみとダイアフラムに作用する等分布荷重（圧力）の関係式は次式で与えられる。

$$w_0=\frac{2a^4}{\pi^4 D}q\cong 0.020\,5\frac{a^4}{D}q \qquad \text{(A4.17)}$$

式 (A4.11) と式 (A4.17) よりダイアフラム全体のたわみ関数は次式で与えられる。

$$w(x,y)=\frac{a^4}{2\pi^4 D}q\left\{1+\cos\left(\frac{\pi x}{a}\right)\right\}\left\{1+\cos\left(\frac{\pi y}{a}\right)\right\} \qquad \text{(A4.18)}$$

ここで

$$D\equiv\frac{Eh^3}{12(1-\nu^2)}$$

である。

文献[22]の Table35 に記載の解は，重ね合わせの原理を用いて導出しており，解は $w_0\cong 0.0224(a^4/D)q$ となる。全エネルギー I の最小値を求める手順を体感するために採用した本書の解との差が約 9% に収まっていることは驚くべきことである。

（2） 固定支持された正方形ダイアフラムの微小曲げの問題の解を利用して，正方形ダイアフラムに作用する応力を求める。正方形ダイアフラムの厚さを h とすると，問図 4.1 の座標系を参照することにより，圧力が印加されるダイアフラム表面（上面）の座標は $z=-h/2$，裏面の座標は $z=+h/2$ となることがわかる。また，ダイアフラムの表面 $z=-h/2$ において，中心部の座標は $x=y=0$，周辺部の座標は $x=a, y=0$ となる。ダイアフラム平面内に作用する二つの垂直応力は次式により求められる[22]。

$$\sigma_x=-\frac{Ez}{1-\nu^2}\left(\frac{\partial^2 w(x,y)}{\partial x^2}+\nu\frac{\partial^2 w(x,y)}{\partial y^2}\right) \tag{A4.19}$$

$$\sigma_y=-\frac{Ez}{1-\nu^2}\left(\frac{\partial^2 w(x,y)}{\partial y^2}+\nu\frac{\partial^2 w(x,y)}{\partial z^2}\right) \tag{A4.20}$$

ここでは材料力学で慣れ親しんだ直角座標系の応力成分の表記法を使用する。4.3.2 項に示した応力テンソルの成分との対応は $\sigma_{11}=\sigma_x$ および $\sigma_{22}=\sigma_y$ である。式 (A4.18) のたわみ関数 $w(x, y)$ を 2 階微分した後 $x=y=0$ とすると，ダイアフラムの表面中心部のたわみ関数の 2 階微分は

$$\frac{\partial^2 w(x,y)}{\partial x^2}=\frac{\partial^2 w(x,y)}{\partial y^2}=-\frac{a^2 q}{D\pi^2} \tag{A4.21}$$

となるので，式 (A4.21) と $z=-h/2$ を式 (A4.19) と式 (A4.20) へ代入すれば，ダイアフラムの表面中心部の応力は次式となる。

$$\sigma_x=\sigma_y=\frac{Eh}{2(1-\nu^2)}(1+\nu)\left(-\frac{a^2 q}{D\pi^2}\right)=-\frac{6(1+\nu)}{\pi^2}\left(\frac{a}{h}\right)^2 \tag{A4.22}$$

応力はダイアフラム中心部で等 2 軸圧縮応力状態となることがわかる。

同様に，式 (A4.18) のたわみ関数 $w(x, y)$ を 2 階微分した後，$x=a$, $y=0$ とすると

$$\frac{\partial^2 w(x,y)}{\partial x^2}=\frac{a^2 q}{D\pi^2} \tag{A4.23}$$

$$\frac{\partial^2 w(x,y)}{\partial y^2}=0 \tag{A4.24}$$

となるので，式 (A4.23) と式 (A4.24) と，$z=-h/2$ を式 (A4.19) と式 (A4.20) に代入すれば，ダイアフラムの表面周辺部の応力は次式となる。

$$\sigma_x=\frac{Eh}{2(1-\nu^2)}\left(\frac{a^2 q}{D\pi^2}\right)=\frac{6}{\pi^2}\left(\frac{a}{h}\right)^2 q \tag{A4.25}$$

$$\sigma_y=\frac{6\nu}{\pi^2}\left(\frac{a}{h}\right)^2 q \tag{A4.26}$$

応力はダイアフラム周辺部で 2 軸引張応力状態となることがわかる。

また，$\sigma_y = \nu\sigma_x$ の関係が成立している。

【4.4】 式 (4.137) より，ピエゾ抵抗テンソルの座標変換式は以下のように与えられる。

$$\pi_{stpq}' = T_{si} T_{tj} T_{pm} T_{qn} \pi_{ijmn} \tag{A4.27}$$

式 (4.130)，(4.134) と式 (4.135) を式 (A4.27) へ適用すれば，冗長な計算になるが次式が得られる

$$\begin{aligned} \pi_{1111}' &= T_{1i} T_{1j} T_{1m} T_{1n} \pi_{ijmn} \\ &= (T_{11}{}^4 + T_{12}{}^4 + T_{13}{}^4)\pi_{11} + 2(T_{11}{}^2 T_{12}{}^2 + T_{12}{}^2 T_{13}{}^2 + T_{13}{}^2 T_{11}{}^2)\pi_{12} \\ &\quad + 4(T_{11}{}^2 T_{12}{}^2 + T_{12}{}^2 T_{13}{}^2 + T_{13}{}^2 T_{11}{}^2)\frac{\pi_{44}}{2} \end{aligned} \tag{A4.28}$$

$$\begin{aligned} T_{11}{}^4 + T_{12}{}^4 + T_{13}{}^4 &= (T_{11}{}^2 + T_{12}{}^2 + T_{13}{}^2) - 2(T_{11}{}^2 T_{12}{}^2 + T_{12}{}^2 T_{13}{}^2 + T_{13}{}^2 T_{11}{}^2) \\ &= 1 - 2(T_{11}{}^2 T_{12}{}^2 + T_{12}{}^2 T_{13}{}^2 + T_{13}{}^2 T_{11}{}^2) \end{aligned} \tag{A4.29}$$

ただし，方向余弦の性質 $T_{11}{}^2 + T_{12}{}^2 + T_{13}{}^2 = 1$ を利用して整理すると次式が導出できる。

$$\pi_{1111}' = \pi_{11}' = \pi_{11} - 2(\pi_{11} - \pi_{12} - \pi_{44})(T_{11}{}^2 T_{12}{}^2 + T_{12}{}^2 T_{13}{}^2 + T_{13}{}^2 T_{11}{}^2) \tag{A4.30}$$

同様に，任意結晶方位系 x_i' 系の $\pi_{1122}' = \pi_{12}'$ を導出する。$\pi_{1122}' = T_{1i} T_{1j} T_{2m} T_{2n} \pi_{ijmn}$ から π_{1111}' の計算と同じ方法で，方向余弦の性質 $T_{11}{}^2 + T_{12}{}^2 + T_{13}{}^2 = 1$，$T_{21}{}^2 + T_{22}{}^2 + T_{23}{}^2 = 1$，$T_{11}T_{21} + T_{12}T_{22} + T_{13}T_{23} = 0$ を利用すると，次式が導出できる。

$$\pi_{1122}' = \pi_{12}' = \pi_{12} + (\pi_{11} - \pi_{12} - \pi_{44})(T_{11}{}^2 T_{21}{}^2 + T_{12}{}^2 T_{22}{}^2 + T_{13}{}^2 T_{23}{}^2) \tag{A4.31}$$

【4.5】 問図 4.2（a）に示すようにダイアフラムに圧力 q が一様に作用する場合，問図（c）と問図（d）の x_1 軸と x_2 軸は変形時の主曲率線（曲げ変形による曲率のみで，ねじり変形による曲率は発生しない）に一致するため，x_1x_2 軸上ではせん断変形およびせん断応力が発生しない。そのため，x_1x_2 軸に沿う応力は主応力（最大・最小の垂直応力）になる。

以上の理由から，x_1 軸と x_2 軸に沿って作用する応力はすべて垂直応力になり，垂直応力に対応するピエゾ抵抗係数は π_{11}' と π_{12}' である。p 型 Si では {1 0 0} 面内のピエゾ抵抗素子の長手方向を＜1 1 0＞方向にとると，π_{11}' と π_{12}' は，それぞれ極大値（正）と極小値（負）をとる（4.3.2 項，図 4.21 参照）。一方，＜1 0 0＞方向にとると，π_{11}' と π_{12}' は，両者ともに絶対値がきわめて小さくなる。ここまでの議論からは，ピエゾ抵抗素子の長手方向を＜1 1 0＞方向にとる選択が正しいように思われる。

問図（c），（d）に示すように四つのピエゾ抵抗素子の抵抗値をそれぞれ R_1, R_2, R_3, R_4 とする。ダイアフラム変形前の初期抵抗値はすべて等しく $R_1 = R_2 = R_3 = R_4 = R_0$ である。ピエゾ抵抗素子のペア R_1 と R_3 および R_2 と R_4 をダイアフラム上の対称位置に配置しているため，ダイアフラム変形後のピエゾ抵抗素子の

それぞれのペアの抵抗変化も等しくなる。

$$\frac{\Delta R_1}{R_0}=\frac{\Delta R_3}{R_0} \tag{A4.32}$$

$$\frac{\Delta R_2}{R_0}=\frac{\Delta R_4}{R_0} \tag{A4.33}$$

ここで R_0 は初期抵抗値，$\Delta R_1/R_0$ と $\Delta R_2/R_0$ は抵抗変化率である。

問図（c）のレイアウトの場合：

問図（c）の結果を求めるために式（A4.25）と式（A4.26）において，$\sigma_x=\sigma_{11}'$ および $\sigma_y=\sigma_{22}'$ とおいて，R_1 と R_2 の位置のダイアフラム表面の応力 σ_{11}' と σ_{22}' を求める。また，式（4.138）と式（4.139）から，<1 1 0>方向のピエゾ抵抗係数 π_{11}' と π_{12}' を求めて，式（4.127）に代入すると

$$\frac{\Delta R_1}{R_0}=\pi_{11}'\sigma_{11}'+\pi_{12}'\sigma_{22}'\cong\frac{3\pi_{44}}{\pi^2}\left(\frac{a}{h}\right)^2(1-\nu)q \tag{A4.34}$$

$$\frac{\Delta R_2}{R_0}=\pi_{11}'\sigma_{11}'+\pi_{12}'\sigma_{22}'\cong-\frac{3\pi_{44}}{\pi^2}\left(\frac{a}{h}\right)^2(1-\nu)q \tag{A4.35}$$

演習問題【2.4】に示すように，四つのピエゾ抵抗素子をブリッジ回路に接続すると入出力電圧の比は

$$\frac{V_{\mathrm{out}}}{V_{\mathrm{in}}}=\frac{1}{2}\left(\frac{\Delta R_1}{R_0}-\frac{\Delta R_2}{R_0}\right)=\frac{1}{2}(\alpha_1-\alpha_2) \tag{A4.36}$$

式（A4.36）に式（A4.34）と式（A4.35）を代入すると

$$\frac{V_{\mathrm{out}}}{V_{\mathrm{in}}}\cong\frac{3\pi_{44}}{\pi^2}\left(\frac{a}{h}\right)^2(1-\nu)q \tag{A4.37}$$

ブリッジ接続したピエゾ抵抗素子の出力電圧は，ピエゾ抵抗係数 π_{44}，ダイアフラムの幅と厚さの比 a/h，ダイアフラム構造材料のポアソン比 ν，印加圧力 q により決定される。大切なことは，ダイアフラムの変形が自身の厚さ h に比べて小さい範囲，なおかつ抵抗の変化率が1よりもきわめて小さい範囲であれば，印加圧力 q に比例した出力電圧が得られることである。ダイアフラム圧力センサの設計では，印加圧力 q が指定されることと，構造材料が決まれば，ピエゾ抵抗係数 π_{44} とポアソン比 ν がおおよそ決まることを考慮すると，設計の自由度として残るのはダイアフラムの幅と厚さの比 a/h の幾何学的寸法になる。

問図（c）に示したダイアフラム上のピエゾ抵抗素子と結晶方位の関係は，ブリッジ回路を構成する上で非常にバランスのとれたレイアウトである。式（4.138）と式（4.139）を比べてみると，π_{11}' と π_{12}' は $\pi_{11}'\cong-\pi_{12}'$ のように絶対値がほぼ等しく符号が逆転している。一方，σ_{11}' と σ_{22}' は符号が等しいが，両者の大きさの差はポアソン比 ν 倍であり，式（4.98）あるいは図4.14（b）より{1 0 0}

面＜1 1 0＞方向のポアソン比 $\nu_{\{1\,0\,0\}}=0.064$ は非常に小さい。α_1 が関係する応力は $\sigma_{22}'=\nu\sigma_{11}'$ となり，σ_{11}' が単独で作用する状態に近似できる。同様に，α_2 が関係する応力は $\sigma_{11}'=\nu\sigma_{22}'$ となり，σ_{22}' が単独で作用する状態に近似できる。

以上の考察から，α_1 と α_2 はたがいに絶対値が等しく符号が逆転するため，ブリッジ回路出力の観点からは加算的になる。

問図（d）のレイアウトの場合：

問図（c）に対して，問図（d）に示したダイアフラムの中心部に配置したピエゾ抵抗素子と結晶方位の関係は，ブリッジ回路の出力を0にする悪いレイアウトである。ダイアフラム中心部は等2軸垂直応力状態 $\sigma_{11}'=\sigma_{22}'$ であるため，ピエゾ抵抗係数の関係 $\pi_{11}'\cong-\pi_{12}'$ と組み合わせると，$\alpha_1=\alpha_2$ となることが理由である。ダイアフラムの幾何学形状，ピエゾ抵抗素子の結晶方位とダイアフラム上のレイアウトを決定する方法に最適解は存在しないが，ここに述べた事項を参考にすれば，読者自身が若干の試行錯誤により工学的に妥協できる解を見出すことができるであろう。

●5章

【5.1】 電位分布および電界分布は**解図 5.1** のようになる。解答図では最大電界が負側になる設定で描いてあるが，電界の符号は向きの設定に依存する。拡散電位 V_D や空乏層幅がわかれば，電界の大きさも求まる。これらの値は，p型半導体とn型半導

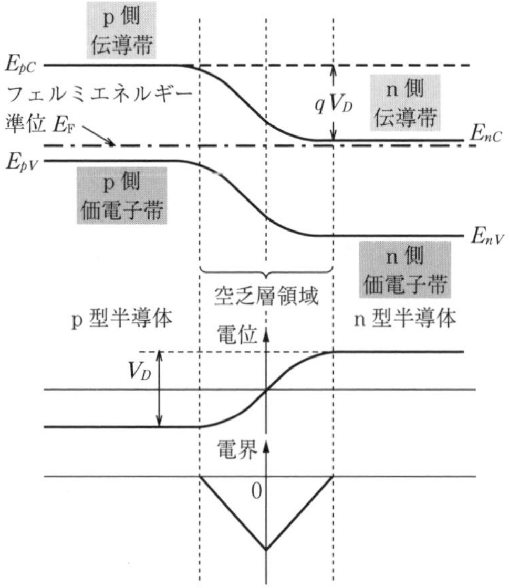

解図 5.1

体の不純物濃度で決まる。

【5.2】 空乏層部の静電容量 C_d は

$$C_d=\frac{\varepsilon_d}{t_d} \tag{A5.1}$$

となる。ただし，空乏層厚さ t_d はゲート電圧によって変化する。酸化膜の静電容量 C_{SiO_2} と直列に C_d が形成されると考えられるため，全合成静電容量は，以下のようになる。

$$C=\frac{C_{SiO_2}C_d}{C_{SiO_2}+C_d} \tag{A5.2}$$

これらの結果をもとに静電容量の概形をグラフ表現すると**解図 5.2** になる。反転層状態に至る途中の電圧域については空乏層の厚さが印加電圧によって変化することから，滑らかにつなぐことにより描いている。実際には交流ゲート電圧を大きくした際の挙動は周波数に影響を受ける。したがって高い周波数では図の形が成り立つが，低い周波数では空乏層部の寄与が小さくなり，酸化膜層による静電容量に近い値をとることになる。

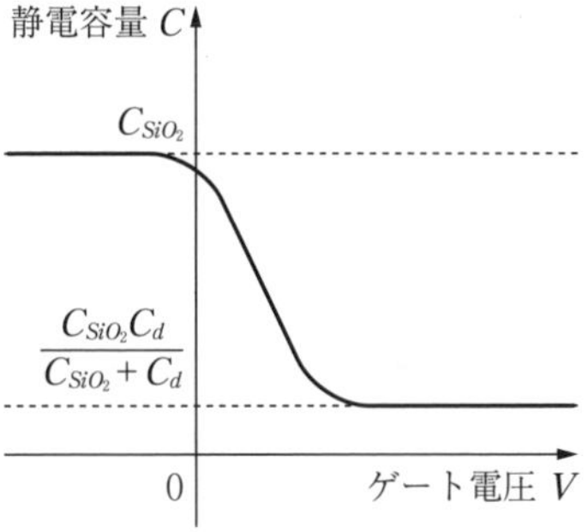

解図 5.2

● 6 章

【6.1】 まず単位長さ当りの電荷をおのおの $+q$，$-q$ として，片方の導線の周囲の電位 V を求める。対象とする導線の中心からの径方向距離 r，導線軸方向に x 軸，軸と直交する方向に y 軸を設定すると，電位 V は以下のように求めることができる。

$$V=\int dV=\frac{q}{4\pi\varepsilon_0}\int_{-\infty}^{+\infty}\frac{dx}{r}=\frac{q}{2\pi\varepsilon_0}\int_0^{+\infty}\frac{dx}{(x^2+y^2)^{\frac{1}{2}}}=-\frac{q}{2\pi\varepsilon_0}\log_e y \tag{A6.1}$$

これより，二本の導線間の電位差は

$$V=\frac{q}{\pi\varepsilon_0}\{\log_e(d-a)-\log_e a\}=\frac{q}{\pi\varepsilon_0}\left\{\log_e\left(\frac{d-a}{a}\right)\right\} \tag{A6.2}$$

と求まる。導線の長さ l の部分の電荷は，単位長さ当りの電荷 q から ql となり

$$C=\frac{ql}{V}=\pi\varepsilon_0 l/\log_e\left(\frac{d-a}{a}\right) \tag{A6.3}$$

のように求まる。

【6.2】 図 6.9 より，長さ l，幅 w の平板電極が 2 枚，電極間距離 d，水平方向（x 方向）に x だけずれて配置されているコンデンサ C において，2 枚の電極の重なりの面積は $(l-x)w$ となる。

外部電源を切り離すため，外部との静電エネルギーのやり取りがないため電荷が一定に保たれる。一方，極板間段位差は変化してしまう。これらのことを考慮し，静電エネルギー U_E は電荷 Q で表現する。

$$U_E=\frac{Q^2}{2C} \tag{A6.4}$$

さらに，外部との静電エネルギーがない系の静電力 F_x は符号が負となり，仮想変位の考え方を用いて以下のように求まる。

$$F_x=-\frac{dU_E}{dx}=-\frac{dQ^2}{\varepsilon_0 w(l-x)^2} \tag{A6.5}$$

【6.3】 導線 A の電流 I_A が距離 r の位置につくる磁束密度 $B_A(r)$ は

$$B_A(r)=\frac{\mu_0 I_A}{2\pi r} \tag{A6.6}$$

となる。この磁束密度 $B_A(r)$ により，距離 d 離れた導線 B が受ける力は単位長さ当り

$$F_B=\frac{\mu_0 I_A}{2\pi d}I_B \tag{A6.7}$$

となり，長さ l の部分については

$$F_B=\frac{\mu_0 I_A}{2\pi d}I_B l \tag{A6.8}$$

と求まり，導線 A（の電流）が導線 B の磁界から受ける力も以下のように求まる。

$$F_A=\frac{\mu_0 I_B}{2\pi d}I_A l \tag{A6.9}$$

いま，電流の方向が同じであるため発生力はたがいに引力となる。

あ と が き

編者は10年以上にわたり，機械系の大学三年生向けに「マイクロマシン」という講義を創り，センサ・マイクロマシンを教えてきた。編者自身は電気電子工学を専攻し，センサ・マイクロマシンの分野に大学院で出会い，以来その魅力にとりつかれて30年以上になる。

“まえがき”でも言及したように，応用対象が多様化するセンサ・マイクロマシンの学びは科目で分けるのが本来難しい。電気電子工学の専門を背景に，機械工学の学生を教える中で，科目による分類を越えて橋渡しをする必要性と重要性を認識しながら取り組んできた。もちろん，科目により分類された基礎的な学びの重要性は前提となる。「なんのために勉強をしているのか」という若い頃に持ちがちな疑問への答えの一つとして，科目で分類できないテーマに出会った来たるときのための準備という，ごく自然な解に至るように思う。

センサ・マイクロマシンの分野がまさにそのテーマの例となる。これは学問にとどまらず，学び舎を卒業して社会に出るときも同じであろう。いつなにを求められるかわからない中で，なにが必要かを判断し，知の引き出しから必要なものを取り出し，適用できるか。学生時代に学ぶべきときに学ぶ重要性はここにあると思う。さらに無意識で行われるため気づきにくいが，クリエイティブな行為としての思考のシンセシスやセレンディピティが求められる時こそ，知らないうちにその真価が問われているのではないだろうか。

センサ・マイクロマシンの分野の深さと広さに対して，本書が扱えた内容は限られている。その中でも本書は，この分野を支える科目，内容をつなぐ役割を担う“物性と場”の観点を重視して執筆してある。是非読者の方々には，学際的なセンサ・マイクロマシン分野の底流にある理（ことわり）の学びへのステップとして本書を活用いただき，さらにその先に進めていただく際の一助になればと願う次第である。

小西　聡

索　　引

――編著者・著者略歴――

小西　聡（こにし　さとし）

1991 年　東京大学工学部電子工学科卒業
1993 年　東京大学大学院工学系研究科博士前期課程修了（電気工学専攻）
1996 年　東京大学大学院工学系研究科博士後期課程修了（電気工学専攻），博士（工学）
2006 年　立命館大学教授
現在に至る

鳥山　寿之（とりやま　としゆき）

1987 年　立命館大学大学院理工学研究科修士課程修了（機械工学専攻）
1994 年　博士（工学）（九州大学）
2004 年　立命館大学教授
現在に至る

センサ・マイクロマシンの基礎 ― 物性と場 ―
The Fundamental Background of Sensors and Micromachines
― Contribution of Material Properties and Fields ―

2024 年 7 月 26 日　初版第 1 刷発行　★

検印省略

編著者	小　西　　聡
著　者	鳥　山　寿　之
発行者	株式会社　コ ロ ナ 社
	代表者　牛 来 真 也
印刷所	新日本印刷株式会社
製本所	有限会社　愛千製本所

112-0011　東京都文京区千石 4-46-10
発 行 所　株式会社　コ ロ ナ 社
CORONA PUBLISHING CO., LTD.
Tokyo Japan
振替 00140-8-14844・電話(03)3941-3131(代)
ホームページ　https://www.coronasha.co.jp

ISBN 978-4-339-04690-8　C3053　Printed in Japan　（大井）

電子情報通信レクチャーシリーズ

（各巻B5判，欠番は品切または未発行です）

■電子情報通信学会編

配本順		書名	著者	頁	本体
		共通			
A-1	（第30回）	電子情報通信と産業	西村吉雄著	272	4700円
A-2	（第14回）	電子情報通信技術史 —おもに日本を中心としたマイルストーン—	「技術と歴史」研究会編	276	4700円
A-3	（第26回）	情報社会・セキュリティ・倫理	辻井重男著	172	3000円
A-5	（第6回）	情報リテラシーとプレゼンテーション	青木由直著	216	3400円
A-6	（第29回）	コンピュータの基礎	村岡洋一著	160	2800円
A-7	（第19回）	情報通信ネットワーク	水澤純一著	192	3000円
A-9	（第38回）	電子物性とデバイス	益一哉 天川修平 共著	244	4200円
		基礎			
B-5	（第33回）	論理回路	安浦寛人著	140	2400円
B-6	（第9回）	オートマトン・言語と計算理論	岩間一雄著	186	3000円
B-7	（第40回）	コンピュータプログラミング —Pythonでアルゴリズムを実装しながら問題解決を行う—	富樫敦著	208	3300円
B-8	（第35回）	データ構造とアルゴリズム	岩沼宏治他著	208	3300円
B-9	（第36回）	ネットワーク工学	田村裕 中野敬介 仙石正和 共著	156	2700円
B-10	（第1回）	電磁気学	後藤尚久著	186	2900円
B-11	（第20回）	基礎電子物性工学 —量子力学の基本と応用—	阿部正紀著	154	2700円
B-12	（第4回）	波動解析基礎	小柴正則著	162	2600円
B-13	（第2回）	電磁気計測	岩﨑俊著	182	2900円
		基盤			
C-1	（第13回）	情報・符号・暗号の理論	今井秀樹著	220	3500円
C-3	（第25回）	電子回路	関根慶太郎著	190	3300円
C-4	（第21回）	数理計画法	山下信雄 福島雅夫 共著	192	3000円

配本順				頁	本体
C-6	(第17回)	インターネット工学	後藤滋樹 外山勝保 共著	162	2800円
C-7	(第3回)	画像・メディア工学	吹抜敬彦著	182	2900円
C-8	(第32回)	音声・言語処理	広瀬啓吉著	140	2400円
C-9	(第11回)	コンピュータアーキテクチャ	坂井修一著	158	2700円
C-13	(第31回)	集積回路設計	浅田邦博著	208	3600円
C-14	(第27回)	電子デバイス	和保孝夫著	198	3200円
C-15	(第8回)	光・電磁波工学	鹿子嶋憲一著	200	3300円
C-16	(第28回)	電子物性工学	奥村次徳著	160	2800円

展開

D-3	(第22回)	非線形理論	香田徹著	208	3600円
D-5	(第23回)	モバイルコミュニケーション	中川正雄 大槻知明 共著	176	3000円
D-8	(第12回)	現代暗号の基礎数理	黒澤馨 尾形わかは 共著	198	3100円
D-11	(第18回)	結像光学の基礎	本田捷夫著	174	3000円
D-14	(第5回)	並列分散処理	谷口秀夫著	148	2300円
D-15	(第37回)	電波システム工学	唐沢好男 藤井威生 共著	228	3900円
D-16	(第39回)	電磁環境工学	徳田正満著	206	3600円
D-17	(第16回)	VLSI工学 —基礎・設計編—	岩田穆著	182	3100円
D-18	(第10回)	超高速エレクトロニクス	中村徹 三島友義 共著	158	2600円
D-23	(第24回)	バイオ情報学 —パーソナルゲノム解析から生体シミュレーションまで—	小長谷明彦著	172	3000円
D-24	(第7回)	脳工学	武田常広著	240	3800円
D-25	(第34回)	福祉工学の基礎	伊福部達著	236	4100円
D-27	(第15回)	VLSI工学 —製造プロセス編—	角南英夫著	204	3300円

定価は本体価格+税です。
定価は変更されることがありますのでご了承下さい。

図書目録進呈◆

機械系コアテキストシリーズ

（各巻A5判）

■編集委員長　金子 成彦
■編 集 委 員　大森 浩充・鹿園 直毅・渋谷 陽二・新野 秀憲・村上　存（五十音順）

材料と構造分野

	配本順			頁	本 体
A-1	（第1回）	材料力学	渋谷 陽二・中谷 彰宏 共著	348	3900円
A-2		部材の力学	渋谷 陽二著		
A-3		機械技術者のための材料科学	向井 敏司著		

運動と振動分野

	配本順			頁	本 体
B-1		機械力学	吉村 卓也・松村 雄一 共著		
B-2		振動波動学	金子 成彦・姫野 武洋 共著		

エネルギーと流れ分野

	配本順			頁	本 体
C-1	（第2回）	熱力学	片岡 勲・吉田 憲司 共著	180	2300円
C-2	（第4回）	流体力学	鈴木 康方・関谷 直樹・彭 國義・松島 均・沖田 浩平 共著	222	2900円
C-3	（第6回）	エネルギー変換工学	鹿園 直毅著	144	2200円

情報と計測・制御分野

	配本順			頁	本 体
D-1		メカトロニクスのための計測システム	中澤 和夫著		
D-2		ダイナミカルシステムのモデリングと制御	髙橋 正樹著		

設計と生産・管理分野

	配本順			頁	本 体
E-1	（第3回）	機械加工学基礎	松村 隆・笹原 弘之 共著	168	2200円
E-2	（第5回）	機械設計工学	村上 存・柳澤 秀吉 共著	166	2200円

定価は本体価格+税です。
定価は変更されることがありますのでご了承下さい。

図書目録進呈◆